어느 날 문득、

오키나와

어느 날 문득, 오키나와

ⓒ 김민채 2015

초판 1쇄 인쇄 * 2015년 3월 10일
초판 2쇄 발행 * 2016년 4월 5일

지은이 * 김민채

펴낸이, 편집인 * 윤동희

기획위원 * 홍성범
디자인 * 이진아
종이 * 200 페스티벌#101(표지)
　　　100 백색모조(본문)
제작처 * 영신사

펴낸곳 * (주)북노마드
출판등록 * 2011년 12월 28일 제406-2011-000152호

주소 * 04003 서울시 마포구 월드컵로 12길 45
　　　(서교동 474-8) 2층
문의 * 010.4417.2905
전자우편 * booknomadbooks@gmail.com
페이스북 * /booknomad
트위터 * @booknomadbooks
인스타그램 * booknomadbooks

ISBN * 978-89-97835-96-6 03980

* 이 도서의 국립중앙도서관 출판예정도서목록(CIP)은
　서지정보유통지원시스템 홈페이지(http://seoji.nl.go.kr)와
　국가자료공동목록시스템(http://www.nl.go.kr/kolisnet)에서 이용하실 수 있습니다.
　(CIP 제어번호: CIP 2015006340)

www.booknomad.co.kr

어느 날 문득, 오키나와

뚜벅이 여행자를 위한

5박 6일 오키나와 만끽 여행

김민채 지음

북노마드

Prologue

"당신이 정말 오키나와에 간다면."

당신이 정말 오키나와에 간다면, 게다가 렌터카 없이 여행하는 '뚜벅이 여행자'라면 이 책과 함께 여행을 떠났으면 좋겠다. 나는 면허가 없고, 당연히 차도 빌릴 수 없었다. 하지만 무엇보다 걷기를 사랑하고, 자전거를 탈 때 바람이 이는 순간을 즐기고, 대중교통의 배차 간격에 불만이 없는 뚜벅이 여행자로서, 대부분 '렌터카를 빌려' 여행한다는 오키나와를 걷기와 자전거 타기, 대중교통 이용하기만으로 여행했기 때문이다.

♥ 좋아요 20개

 minchae 오키나와 도착. 엄청 덥다. 모노레일을 타고 나하 시내를 구경할 수 있다. 미에바시 역 플랫폼에서 보이는 풍경.
#오키나와 여름 날씨 #오키나와 나하 #모노레일 #유이레일
#미에바시 #필름 카메라

♥ 좋아요 32개

 minchae 제주도에 돌하르방이 있다면 오키나와엔 시사가 있다! 시사 한 마리쯤 집으로 데리고 가야지. #시사 #오키나와
사자상 #쓰보야 야치문 거리 #오키나와 도예

♡ 좋아요 50개

🔘 minchae 제1마키시 공설시장 뒷길로 나갔다가 보석 같은
골목길을 발견! 좋아라. #제1마키시 공설시장 #우키시마 거리
#오키나와 뒷골목 #뒷골목 마니아 #일회용 카메라

♡ 좋아요 55개

🔘 minchae 오키나와 남동부,세화우타키에서 태평양을
내려다본다. 짙푸르다. #세화우타키 #오키나와 남부 여행
#38번 버스 #태평양 #일회용 필름 카메라 #숲 산책

면허가 없다는 사실이 처음엔 오키나와 여행을 망설이게 했다. 그러나
'뚜벅이 여행자'도 즐겁게 오키나와를 여행을 할 수 있으리라 믿었다.
뚜벅이 여행이 렌터카 여행에 비해 몸은 좀더 고될 수 있지만,
렌터카 여행이 줄 수 없는 색다른 시선을 선사한다는 사실을 알고 있었기
때문이었다. 모노레일, 버스, 자전거 그리고 걷기로 이 오키나와 여행은
완성될 것이다. 어떠한 이유로든 렌터카를 이용할 수 없는 뚜벅이들을
위한 여행이다.

여행의 속도가 빠르지 않은 사람이라면, 또 목적지와 목적지 사이의
풍경까지 모두 맛보고 싶은 사람이라면 이 책을 따라 렌터카 없이도
충분히 즐겁게 여행할 수 있을 것이다. 나하 시내를 떠가는 꿈결 같은
모노레일을 타고, 기다림의 순간까지 멋진 풍경을 안겨주는 버스를 타고,
온몸으로 바람을 껴안는 자전거를 타고. 그리고 이 믿음직한 다리로
세상을 걸으며.

♥ 좋아요 67개

● minchae 바라만 보던 태평양을 밟아본다. 높은 곳에선
짙푸르던 바다에 가까이 다가서니 한없이 투명하다. 맨발로
걷기. #아자마 산산 비치 #38번 버스 #태평양 물놀이
#오키나와 남부 여행 #바다 산책

♥ 좋아요 32개

● minchae 머리 위로 거대한 바다 생물들이 오간다. 나도
그들도 이곳이 진짜 바다이기를 바라본다. #츄라우미 수족관
#슈퍼맨이 돌아왔다 수족관 #오키나와 수족관 #오키나와 북부
여행지 #흑조의 바다

♥ 좋아요 34개

🔹 minchae 오키나와에 와서 구멍을 여러 번 발견한다. 사방에서 불어오는 바람이 귓구멍을 알아차리게 한다. 아, 귓구멍이 여기에 있었구나. #나키진 성터 #오키나와 유적 #유네스코 세계문화유산 #오키나와의 바람 #바람 좋다

태어나 처음 걸어보는 길이, 모노레일과 버스가 멈추어 설 때마다 정거장 이름을 확인하며 창밖을 두리번거리는 그 긴장감이 우리를 진짜 여행자로 만들어줄 것이다.

♥ 좋아요 27개

🔹 minchae 해변에서 공원까지, 오늘 아침은 오키나와식 산책을 즐겨본다. 후쿠슈엔은 입장이 무료다! #후쿠슈엔 #중국식 공원 #오키나와 산책 #나하 시내 가까운 곳 #후쿠슈엔 무료

오키나와는 생각보다 넓고 볼거리, 즐길거리가 많아 '길게 여행'하는
여행자가 많다. 게스트하우스마다 '한 달짜리' 장기 숙박 요금이 따로 있을
정도다. 때문에 최소 일주일 동안 여행하기를 권하고 싶지만,
많은 사람들이 휴가를 내어 즐길 수 있는 '5박 6일'로 일정을 소개해보려
한다. 이중에서 상황에 따라 하루씩 일정을 골라 '3박 4일' '4박 5일'로
여행을 즐겨도 좋을 것 같다.

♥ 좋아요 59개

minchae 여러 번 찾아와도 좋은 슈리 성. 그러나 매번
새로운 슈리 성. 정전 앞은 붐비지만 전망대는 조용하다. #슈리
성 #슈리 성 전망대 #나하 시내 한눈에 #고즈넉한 여행지

♥ 좋아요 82개

minchae 슈리킨쵸초 돌다다미길 가는 길에 만난 집. 바람이
불 때마다 일렁이는 새하얀 천 조각. 하얗게 일렁이는 바람.
#슈리킨쵸초 돌다다미길 #슈리 성 근처 #괜찮아 사랑이야
돌길 #오키나와의 바람 #오키나와 돌길 마을

♥ 좋아요 30개

◉ minchae 버스에서 내려 무라사키무라까지 타박타박
15~20분쯤 걸었다. 걷는 동안 난생처음 수수밭을 봤다.
#무라사키무라 #오키나와 수수밭 #시사 채색 체험 #체험 공방
#28번 버스

♥ 좋아요 46개

◉ minchae 자전거를 타고 아메리칸 빌리지 뒤편을 달리는 중.
초원과 바다, 구름. 멋진 풍경이 자꾸만 펼쳐져서 가다 서다를
반복한다. 자전거를 타는 건지 사진을 찍는 건지. #포터링
#아메리칸 빌리지 #오키나와 자전거 #자전거 여행 #선셋 비치

방문해보았던 모든 곳에 대한 정보를 백과사전식으로 나열할 수도
있었지만, 조금 더 '솔직한 오키나와'를 보여주고 싶었다. 때문에 이름은
널리 알려졌지만, 막상 별 감흥을 주지 못한 곳들은 전부 뺐다. 오전과
오후 일정을 나누어두었지만, 물론 직접 방문해보고 오래 머물고 싶은
곳이 생긴다면 일정표에 상관없이 자유롭게 일정을 조율했으면 좋겠다.

♥ 좋아요 66개

⊙ minchae 뚜벅이 여행은 언제나 시선이 자유롭다는 점에서
풍요롭다. 버스 창밖으로 보이는 아메리칸 빌리지. #오키나와
버스 여행 #오키나와 버스 #28번 버스 #나하버스터미널
#뚜벅이 장점

♥ 좋아요 43개

⊙ minchae 오키나와에서의 시간을 가방에 눌러 담고 떠난다.
#나하국제공항 #오키나와 뚜벅이 여행 #여행 운동화 #단출한
짐 #떠나다 #마지막 필름

그때 그곳에서 당신이 느끼는 그 감정은 그때 그곳의 당신만이
느낄 수 있는 것일 테니까. 당신의 맘을 뒤흔드는 곳이 있다면,
충분히 머무르고 만끽하기를 바라본다.

더 많은 곳을 가보려고 애를 쓰지 않았으면 좋겠다. 시간에 쫓기지
않았으면 좋겠다. 조급할 것 없다. 태양의 기운이 넘실거리는
여기는, 오키나와니까.

차례

Day 1. 나하
그래, 여기 오키나와라면

Day 2. 나하+남부
오키나와의 진짜 아름다움을 찾아

Day 3. 북부
뚜벅이 여행자를 위한 북부 나들이

Day 4. 나하
아주 오래된 나하를 걷는 시간

Day 5. 중부
가장 핫한 오키나와, 중부에서 우치난츄처럼 놀기

Day 6. 나하
모노레일을 이정표 삼아 달리는 마지막 자전거 산책

Epilogue

오키나와 전도

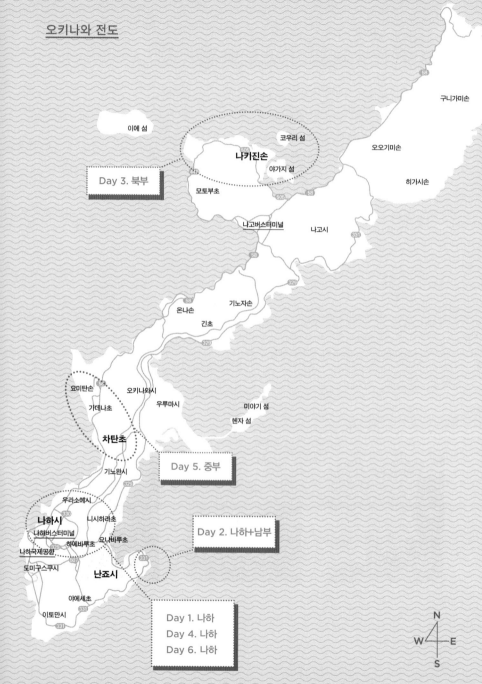

구니가미손

이에 섬

코우리 섬

506

나키진손

오오기미손

야가지 섬

Day 3. 북부

58

모토부초

506 58

히가시손

나고버스터미널

나고시

331

58

329

58

기노자손

온나손

긴초

320

53

요미탄손

오키나와시

가데나초

우루마시

미야기 섬

헨자 섬

차탄초

Day 5. 중부

기노완시

330

320

우라소에시

나하시

니시하라초

330

나하버스터미널

Day 2. 나하+남부

하에바루초

요나바루초

331

나하국제공항

507

도미구스쿠시

난죠시

야에세초

331

이토만시

331

Day 1. 나하

Day 4. 나하

Day 6. 나하

N

W   E

S

인천국제공항(ICN)에서 나하국제공항(OKA)으로

① 인천국제공항에서 나하국제공항으로 가는 직행 비행편이 있다. 2시간~2시간 15분 정도 소요된다.

아시아나항공 | www.flyasiana.com, 1588-8000, 제주항공 | www.jejuair.net, 1599-1500, 진에어 | www.jinair.com, 1600-6200

② 인천국제공항

탑승 수속은 보통 항공기 출발 2~3시간 전에 개시된다. 3층 출국장에 위치한 체크인 카운터에서 수속한다. 탑승권Boarding Pass을 받고도 보안 검색, 출국 심사를 받아야 하기 때문에 탑승 시작 시간보다 2시간 정도의 여유 시간을 두고 공항에 도착하는 게 좋다. 무엇보다 출발 전, 여권과 예매 항공권(e-티켓)을 챙겼는지 꼭 확인하자.

인천국제공항 이용 안내 | 1577-2600, www.airport.kr

항공사별 연락처 | 아시아나항공(OZ) 032-744-2473, 제주항공(7C) 032-743-2932, 진에어(LJ) 032-743-1502

③ 나하국제공항

입국 심사 때에는 외국인Foreigner 쪽으로 가 줄을 서 있으면 안내요원이 돌아다니며 입출국 카드를 한 번씩 훑어봐주고 작성이 빠진 부분이나 체류 주소가 명확하지 않다거나 하는 등 의심을 살 수 있는 부분들을 미리 체크해준다. 작성시 모르는 것이 있다면 입국 심사대에 서기 전 미리 안내요원에게 물어보고 칸을 채워두는 편이 낫다. 입국 심사대에 서면 입국 심사관이 안내하는 대로 정면 얼굴 사진을 촬영하고 양손 검지 지문을 스캔한다. 사진 촬영, 지문 스캔, 입출국 카드 작성에 별 문제가 없으면 90일간 체류할 수 있는 허가 스티커를 여권에 붙여준다. 출국 카드를 함께 여권에 스테이플러로 붙여주는데, 출국 카드는 일본을 떠날 때 다시 회수하기 때문에 떼어내지 말고 그대로 두어야 한다.

www.naha-airport.co.jp

오키나와 입국 조건

- 90일 미만으로 여행하는 경우, 별도의 비자가 필요하지 않다.
- 여권은 1개월 이상 유효한 것이어야 한다.
- 현금 소지는 100만 엔(약 920만 원) 이하여야 한다.

짐 꾸리기 목록

☑ **여권**
+ 90일 미만으로 여행하는 경우는 별도의 비자가 필요하지 않으며 여권은 1개월 이상 유효한 것이어야 한다.

☑ **예매 항공권**

☑ **신분증**

☑ **110볼트 어댑터**
+ 일본의 전압은 우리나라와 달리 110볼트이므로 220볼트와 110볼트를 호환해주는 어댑터를 준비해 가자.

☑ **휴대전화 충전기**

☑ **카메라 배터리 충전기**

☑ **상의**
+ 여름철에는 볕이 매우 강하기 때문에 걸쳐 입을 수 있는 얇은 소재의 긴 소매 옷을 챙기는 것이 좋다. 봄과 가을에는 일교차가 큰 편이기에 역시 긴 소매의 상의를 챙기는 것이 좋다.

☑ **하의**
+ 여름에는 더위를 피하기 위해 반바지를 많이 입게 되지만, 오키나와의 강력한 자외선을 차단하기 위해 긴바지를 입는 것도 좋다.

☑ **속옷**

☑ **양말**

☑ **지퍼백 / 비닐봉지**
+ 입었던 옷, 속옷, 양말 혹은 덜 마른 빨래 등을 담기에 아주 유용하다. 크기가 작은 기념품들도 나누어 담을 수 있기에 넉넉하게 챙겨 가면 좋다.

☑ **운동화**

☑ **슬리퍼 / 샌들**
+ 물놀이를 즐길 때 신을 신발을 따로 챙겨두자.

☑ **손수건**
+ 오키나와에 가져가서 가장 유용하게 사용했던 물건이 바로 손수건이다. 한여름 뚜벅이 여행자의 땀을 닦아주기도, 볕 아래에서 가림막이 되어주기도 했다. 무엇보다 해변에서 잠깐 발을 담그고 나왔을 때 발에 묻은 모래와 물기를 닦아내기에도 그만!

☑ **선글라스**
+ 오키나와를 '잘' 보고 싶다면 강렬한 햇빛을 차단해줄 선글라스도 필수다.

☑ **선크림**
+ 오키나와의 강렬한 햇볕은 실로 엄청난 것이라, 아침에 숙소에서 바르고 나가는 것만으로는 부족하다. 선크림을 항상 챙겨 다니며 몇 시간 간격으로 바르는 것이 좋다. 겨울에도 방심하지 말 것!

☑ **수영복**

☑ 작은 우산 / 양산

+ 작은 우산이나 양산을 가지고 다니면 갑자기 비가 올 때나 햇빛이 강렬한 낮시간에나 모두 유용하다. 오키나와의 볕은 따갑다고 느껴질 만큼 강하기 때문에 애초에 가리는 편이 낫다. 실제로 거리를 걷다보면 양산을 쓰고 다니는 오키나와 사람들을 많이 볼 수 있다.

☑ 모자

+ 양산으로 볕을 가려도 좋지만 사진을 많이 찍는 여행자라면 챙이 넓은 모자를 써서 손을 비워두는 쪽이 편할 것!

☑ 수건

☑ 치약, 칫솔, 폼클렌징 등 세면도구

+ 예약하는 숙소에 샴푸와 린스, 보디클렌저가 준비되어 있는지 홈페이지에서 미리 확인하자.

☑ 보조 가방

☑ 현금

+ 여행 출발 전 은행에 들러 미리 환전한다. 1,000엔, 5,000엔, 10,000엔짜리를 적절히 섞어 환전한다. 큰돈을 쓸 일이 아니라 식사를 하거나 생필품을 살 때에는 보통 1,000엔 지폐를 많이 사용하게 되니 1,000엔권을 넉넉하게 준비하는 것이 좋다.
++ 예산은 숙소를 제외한 생활비로 하루 평균 7,000엔(7만 원 정도)을 잡으면 적당할 것이다. 식사와 간식, 입장료, 대중교통 이용료 등을 모두 포함했다.
+++ 카드를 사용할 수 있는 곳이 많기 때문에 모든 생활비를 현금으로 환전할 필요는 없다. 본인의 예산을 잡아보고 현금 사용과 카드 사용 비율을 나눠보자.

☑ 작은 손지갑

+ 동전을 넣을 수 있는 것이 좋다. 생활하다보면 보통 1,000엔짜리 지폐를 깨서 500엔, 100엔 동전을 많이 사용하게 되기 때문이다.

☑ 신용카드 / 체크카드

+ 마스터카드나 비자, 유니온페이 등 신용카드를 사용할 수 있다. 만약을 대비해 본인이 사용하고 있는 카드가 해외에서 사용이 가능한지 은행에 미리 문의를 해서 확인해도 좋다. 또 신용카드의 경우 국내에서 사용하던 4자리 비밀번호가 아닌 해외승인용 6자리 비밀번호를 요구하는 경우도 있으므로 설정해두었던 비밀번호를 확인해보고 가자.

☑ 책

☑ 구글 지도Google Maps 앱

+ 뚜벅이 여행자라면 반드시 준비해야 할 것. 렌터카 이용자들에게 내비게이션이 필요하듯 뚜벅이 여행자에게도 구글 지도가 필요하다. 구글 지도 앱만 있으면 주소나 상호명만으로 어디든 어렵지 않게 찾아갈 수 있다. 특히 혼자서 길을 헤매는 게 두려운 이들은, 인천국제공항 통신사 부스에서 데이터 무제한 요금제를 신청해 가서 앱을 적극 활용해보자. 국내 포털 사이트에서 제공하는 지도 앱은 해외에 가면 무용지물이므로 미리 구글 지도 앱을 설치해두는 게 좋다.

☑ 여권 사본, 여권 사진 2매

+ 여권 분실시를 대비해 챙겨두면 좋다.

그래, 여기

오키나와라면

아사쿠사 역

미카게 역

스보야 초등학교

④ 우카이나이엔이 바람
펠멜리아몬트

스보야 아자룬 거리

스구 역

차타로

⑤ 스보야 아자룬 거리

미쓰코시 백화점
스타벅스

② 제이마카시 곰설시장

무쓰미 교차로
③ 카이소우

① 국제거리

미사에미 역

미쓰오 교차로

⑥ 우카시마카든

겐초마에 교차로

우카니나안 공원

겐초마에 역
룸부뉴백화점

류보백화점

N
W E
S

첫째 날 일정은 이른바 '오키나와 맛보기'이다. 대부분의 오키나와행 항공편이 오전이나 점심 무렵 출발하기 때문에 첫날 일정은 오후 시간부터 시작하게 된다. 막 오키나와에 도착해 굳이 멀리까지 이동하기보다는, 숙소에 짐부터 풀어놓고 가벼운 마음으로 번화가 산책을 나가보자. 오후 시간 동안 나하 시내를 제대로 둘러보는 것으로 충분한 첫날이다. 거리 곳곳에 자리한 히비스커스 꽃과 야자수, 액운을 막아준다는 시사, 바다 생물에서 아이디어를 얻은 액세서리 가게, 오키나와에서 자라는 섬 채소, 유리·도자기 공방…… 국제거리와 제1마키시 공설시장, 쓰보야 야치문 거리를 걷는 것만으로도 오키나와의 분위기를 맛볼 수 있을 것이다.

나하국제공항에서 나하 시내로 갈 때는 모노레일 티켓을 구매해 이동하면 된다. 국제거리는 모노레일 겐초마에 역에서부터 마시키 역까지 이르는 큰길을 모두 가리키는데, 어느 역에서 시작하든 끝에서 끝까지 걷기에 멀지 않다. 함께 소개한 제1마키시 공설시장과 쓰보야 야치문 거리, 우키시마 거리 등은 모두 도보로 이동하면 된다. 걸어 다닐 수 있을 만큼 가까운 거리이기도 하거니와, 이 일대에는 작은 숍들이 많기 때문에 걸어가면서 눈으로 구경하는 재미가 쏠쏠한 거리이기 때문!

시간	위치	장소	이동 방법
	나하	나하국제공항	
	(이동)	모노레일	모노레일 겐초마에 역 하차, 이후 일정은 모두 도보로 이동.
	나하	국제거리 & 제1마키시 공설시장	
오후	나하	카이소우	
	나하	오키나와의 바람	
	나하	쓰보야 야치문 거리	
	나하	차타로	
저녁식사	나하	우키시마 가든	

나하국제공항

두려움이 만드는 것

여행을 좋아하는 이미지가 굳어서인지, 혼자 떠나는 여행이 처음이라는 말을 주변 사람들은 믿지 않았다. 혼자서도 척척 여기저기 돌아다니는 여행의 달인인 줄로만 알았다고. 처음으로 혼자서 떠나는 여행을 준비하려니 '혼자'라는 생각에 많이 떨었고, 두려워했다.

그런 종류의 긴장은 대부분 세상을 '바로' 보게 한다. 아름다운 것 대신 추하고 무시무시한 것을 보게 한다. 낯선 땅에 존재하는 모든 것이 공포의 대상이다. 태평양에서부터 세력을 키워 올라오는 태풍, 오키나와에 많이 살고 있다는 독사 반시뱀, 어딘가에서 어리숙해 보이는 목표물을 찾고 있을 강도…… 상상할 수 있는 모든 재난이 눈앞에서 선명해진다. 그 낯선 상상의 끝은 언제나 '죽음'에서 멈춘다. 여행자는 여행을 하다 죽을 수도 있다.

　　그럼에도 불구하고 떠나는 것이다. 이를테면 죽을 각오를 하고 떠나는 여행. 생각해보면 지금껏 살았던 모든 날들이, 모든 여행이 그러한 것이 아니었던가. 닿아보지 못한 낯선 땅, 그 낯섦에 대한 두려움을 가득 안고도 떠나는 것. 지금 느끼는 이 두려움이 혼자이기 때문에 비롯되는 것이 아님을 이내 깨닫는다. 여행이란 비단 이렇게나 두려운 것이었다. 그 모든 것을 가슴에 이고 떠나는 것. 여행의 다른 이름은 '그럼에도 불구하고'이다.

　　그런 종류의 극단적인 상상은 여행을 더 값지게 만든다. 머릿속으로 그려보았던 최악의 상황들은 대부분 일어나지 않기 때문이다. 교묘한 타이밍으로 여행자를 빗겨간다. 어쩌면 그것이야말로 여행자의 운. 아무 탈 없이 낯선 세상과 마주하고, 처음 맛보는 음식을 입안

가득 넣어보고, 걷고, 숙소로 돌아와 잠들고 깨어나는 그 평범한 하루가 얼마나 대단한 일인지 깨닫게 되는 것이다. 두려움이야말로 여행의 기쁨과 설렘을 빚어내는 핵심 요소다.

그러니 나는 영원히 두려워하는 여행자로 남고 싶다. 낯선 세상에서 마주할 수 있는 수많은 공포를 그려보고 상상해보다가, 마침내 마주하고, 실은 그 모든 것이 나를 빗겨갔다는 안도감에 잠이 들며. 무사히 여행을 하고 있다는 그 하나의 사실에 지나칠 만큼 감사하고 또 감사하며 말이다. 극도의 두려움을 안고, 여기 오키나와 나하국제공항에 도착했다.

Tip
나하국제공항에서 시내로, 모노레일 타는 법

나하국제공항 입국장(국제선 1층)에서 오른쪽에 위치한 편의점 로손LAWSON 방향에 있는 출구로 나간다. 길을 따라 100~150미터 정도 걸어가면 국내선 건물로 들어갈 수 있다. 국내선 건물 2층으로 올라가면 모노레일 승차장을 알려주는 표지판이 보이고, 나하쿠코 역과 연결된 통로가 나온다.

*모노레일モノレール
일명 유이레일ゆいレール. 총 15개의 모노레일 역이 나하 시내 대부분의 관광지와 연결되어 있어 편리하다. 특히 모노레일은 교통 체증을 겪을 일도 없고, 나하 시내 풍경을 내려다보며 이동할 수 있다는 장점이 있다. 열차 앞쪽으로 창이 난 좌석도 있는데, 그 자리에 앉아 모노레일이 나아가는 노선과 풍경을 함께 바라보는 기분이 묘하다.

운행 시간은 06:00~23:00, 평균 10~15분 간격으로 운행된다. 출퇴근 시간에는 배차 간격이 더욱 짧고 이용하는 승객도 조금 더 많아진다.

기본 요금은 230엔이고 각 정거장 출입구에서 기계를 이용해 표를 구입한다. 1회권의 경우 목적지에 따라(이동 거리에 따라) 금액이 달라진다. 기점인 나하쿠코 역에서 종점인 슈리 역까지 이용해도 330엔이니 모든 구간이 그 이하 금액에서 가격이 매겨진다. 1일 티켓(700엔)과 2일 티켓(1,200엔)도 있는데 이는 연속일수로만 사용할 수 있다. 연속권은 시내에서의 이동이 많은 날에 유용하다. 구입 날짜와 시간이 티켓 뒷면에 찍혀 있으며, 첫 개찰구 통과를 기준으로 24시간, 48시간 동안 사용이 가능하다. 탑승 시간만 잘 조절하면 1일권으로 1박 2일을, 2일권으로 2박 3일을 이용할 수 있는 것이다. 일부 관광 시설에서는 모노레일 티켓을 보여주면 요금을 할인해주기도 한다.

모노레일 노선도

나하쿠코 那覇空港　　이카미네 赤嶺　　오로쿠 小禄　　오노야마코엔 奥武山公園　　쓰보가와 壺川　　아사히바시 旭橋　　겐초마에 県庁前　　미에바시 美栄橋　　마키시 牧志　　아시토 安里　　오모로마치 おもろまち　　후루지마 古島　　시리쓰뵤인마에 市立病院前　　기보 儀保　　슈리 首里

국제거리 & 제1마키시 공설시장

그래、 여기 오키나와라면

제아무리 안전하다는 일본이라도 여행자의 상상 앞에서는 무력한 것인지, 온갖 곤경에 빠지는 상상을 하며 오키나와에 도착했다. 헌데 나하국제공항에 도착하는 순간, 푹, 하고 마음이 퍼졌다. 나쁜 일이라곤 절대 일어나지 않을 것 같은 느낌을 풍기는 하늘, 해, 구름, 바람, 나무. 그 모든 풍경들이 건강했다. 오키나와의 모든 풍경이 "모든 것을 믿고 내려놓아봐" 하고 속삭이며 성큼성큼 내게로 다가왔다. 그래, 여기 오키나와라면. 나는 금세 오키나와를 믿게 됐다.

　물론 이런 식의 아름다운 회상은 여행을 끝마친 여행자의 몫이다. 현실 속 여행자는 간신히 비행기를 놓치지 않고 오키나와에 도착했고, 나하버스터미널에 들러 버스 투어를 예매한 후에야 게스트하

우스에 체크인을 한 탓에 이미 옷과 속옷까지 땀이 범벅이 되어 있었다. 마음은 당장 어디든 가 새로운 것들을 마주하고 싶다는 열망이 넘쳐흐르는데, 몸은 종일 걸은 듯한 피로감에 시달리며 이미 침대에 누워 있다.

긴바지를 반바지로 갈아입고 에어컨 바람에 땀을 식힌 후에야 정신이 돌아왔다. 일단 오키나와 분위기나 날씨에 조금 익숙해질 겸 가장 번화한 곳을 걸어보는 것도 좋을 것 같았다. 겐초마에 역 인근에 위치한 '국제거리'에는 기념품 가게와 식당이 즐비했다. 백화점, 맥도널드와 스타벅스까지 발견. 어쩐지 이 큰길은 여행 마지막 날에 선물이나 사러 와야 어울리는 거리가 아닌가 싶었다. 어쩐지 약간 시

현청이 있는 사거리에서 국제거리가 시작된다.

시한 느낌이 들어 두리번거리는데 건너편 골목이 눈에 띈다. 골목으로 들어서보니 누구에게 물어볼 것도 없이 딱 시장 풍경이다.

　　우리나라 시장의 대부분도 그러하듯, 시장은 대부분 그 지역 사람들의 일상을 가장 쉽게 보여주는 곳이다. 지역 사람들이 가장 편하게 도달할 수 있는 곳이자, 먹거리며 옷이며 일상을 채워가는 요소들로 가득 채워진 곳. 대형마트처럼 부지를 잡고 뚝딱 지어진 곳이 아니라, 아주 오랜 세월에 걸쳐 사람들의 삶이 쌓여온 곳. 지역 사람들의 어린 시절이 깊게도 새겨진 곳. 그래서 어느 나라에서든 시장에 가면 가장 내밀한 삶을 엿보는 기분이 든다. 시장 예찬론자 앞에 시장이 나타났다!

　　시장 중간에 '공설시장 입구'라는 푯말이 보인다. '시장 속에 또 시장?!' 푯말이 가리키는 건물로 들어서니 온갖 수산물과 식료품을 파는 (더 진짜) 시장이 등장했다. 눈이 동그래져 시장 안을 몇 번이고 돌며 구경했다. 들어설 땐 몰랐는데, 구경을 마치고 나갈 길을 살펴보니 공설시장 출입구가 한두 개가 아니다. 결정해야 했다. 왔던 길로 되돌아가면 국제거리로 가는 큰길을 찾아 나갈 수 있었고, 그렇지 않으면 새로운 문을 열고 나서서 새로운 길을 마주해야 했다.

　　왔던 길을 되밟아 가지 않고, 새로운 문을 열고 밖으로 나갈 수 있을까. 한 번도 만나보지 못한 세상을 향해, 걸음을 내딛을 수 있을까. 그래, 여기 오키나와라면, 괜찮지 않을까.

세월의 흔적이 역력한 공설시장.

국제거리
国際通り, 고쿠사이 도리

모노레일 겐초마에 역 부근의 교차로부터 마키시 역 부근의 교차로까지 이르는 길. 백화점, 음식점, 술집, 호텔 등이 위치해 있어 늘 붐비는 곳이다. 번화가이기 때문에 어렵지 않게 식사할 곳을 찾거나 필요한 물건을 살 수 있고, 기념품 가게뿐 아니라 액세서리 가게와 편집숍 등이 곳곳에 위치해 있어 선물을 사기에도 좋다. 겐초마에 역이나 마시키 역에서 걸어가기에 멀지 않다.

찾아가기 모노레일 겐초마에 역 하차, 서쪽 출구西口로 나간다. 큰 사거리가 나올 때까지 100미터 정도 앞으로 쭉 걷다가 왼쪽 방향으로 건널목을 건너면 국제거리가 시작된다.

제1마키시 공설시장
第一牧志公設市場, 다이이치마키시 코세쓰이치바

나하 시민의 부엌으로 여겨지는 제1마키시 공설시장은 1951년에
개설되었다. 태평양전쟁에서 패전한 후 미군부대에서 흘러나오
는 군수품을 취급하는 데서 시작된 시장이다. 제2마키시 공설시
장도 있었지만, 2001년에 폐쇄되고 지금은 제1마키시 공설시장
만 남아 있다. 지금은 현대식으로 개량되어 오키나와에서 소비
되는 다양한 식재료를 취급한다. 진열되어 있는 오키나와산産 해
산물, 야채, 과일, 육류 등을 통해 오키나와의 식문화를 엿볼 수
있다. 1층은 시장, 2층은 식당가로 되어 있다. 1층에서 구입한 식
재료로 2층에서 요리를 해주기도 하고, 식재료를 구입하지 않더

라도 다양한 오키나와 요리를 맛볼 수 있다. 언제나 활기가 넘치
지만, 특히 명절 기간과 연말연시에는 더 붐빈다. 아케이드로 되
어 있어 비오는 날에도 편하게 이용할 수 있다.

주소 沖縄県 那覇市 松尾 2-10-1(오키나와현 나하시 마쓰오 2-10-1)

전화번호 098-867-6560

운영 시간 8:00~20:00(가게마다 다름)

휴무일 네번째 일요일 전체 휴무, 수산물 시장은 둘째, 넷째, 다섯째 일
요일 휴무

찾아가기 국제거리 중간쯤에 위치한 스타벅스 앞 교차로에서 건너편
상점가로 들어가 직진.

Tip
나하 베이스캠프, 소라하우스

....

오키나와는 생각보다 넓기 때문에 여행 기간이 일주일 이상이라면, 남부 · 중부 · 북부를 나누어 숙소를 예약하는 것이 효율적이다. 하지만 일주일 미만의 짧은 여행이라면 한 숙소를 베이스캠프 삼아 움직이는 것이 훨씬 좋을 수도 있다. 한 곳에 자리를 잡는 것은 짐을 꾸렸다 푸는 데 드는 에너지를 최소화하고, 한 공간에 적응하며 느낄 수 있는 익숙함과 편안함을 최대로 끌어올려, 보다 여행에 집중할 수 있는 시간을 선사한다는 장점이 있기 때문이다. 더 머물고 싶은 곳을 떠나는 일 없이, 숙소를 위해 이동하는 데 힘을 쏟는 일 없이 한 곳에 생활을 풀어놓는 일.

게스트하우스 '소라하우스'는 우연히 찾아낸 베이스캠프임에도 불구하고 정말 굉장한 곳이었다. 일단 소라하우스는 모노레일 '미에바시' 역에서 아주 가깝다. 번화가인 국제거리가 있는 '겐초마에' 역과 한 정거장 차이로, 저녁을 먹거나 필요한 물건을 사고 숙소로 돌아오는 데에 아주 편하다. 나하버스터미널이 있는 '아사히바시' 역과는 두 정거장 차이로, 뚜벅이 여행자가 일정을 시작하러 버스터미널로 가는 데에도 아주 편하다. 그야말로 베이스캠프로 적격이었던 곳.

또 게스트하우스는 '함께 이용하는 공간'이라는 특성상 주인의 성향에 따라 분위기가 천차만별인데, 소라하우스는 시끌벅적하게 파티가 열리기보다는 조용히 하루를 마무리하며 쉬어갈 수 있는 공간이다. 무엇보다 1인실과 여성 전용 도미토리와 여성 전용 샤워실, 여성 전용 빨래 건조실이 깨끗하게 마련되어 있어 혼자 여행하는 여자에게 딱 좋은 공간이다.

소라하우스
空ハウス

....

주소 沖縄県 那覇市 久茂地 2-24-15, 3F(오키나와현 나하
시 쿠모지 2-24-15, 3층)

전화번호 098-861-9939

홈페이지 www.mco.ne.jp/~sora39

이메일 sora39@mco.ne.jp

가격 도미토리 1,700엔 / 캡슐 도미토리(여성 전용) 2,000
엔 / 개인실(싱글) 1명 3,500엔, 2명 2,500엔 / 개인실(트
윈) 2명 3,000엔

특이 사항 사물함이 무료, 짐 보관 가능

찾아가기 모노레일 미에바시 역에서 하차하여 북쪽 출구北口
로 나간다. 계단을 내려와서 바로 왼쪽 방향 횡단보도를 건
넌다. 직진하여 횡단보도를 한번 더 건너 야키토리やきとり라
는 음식점과 한식당을 지나면 우체국 직전에 소라하우스가
있다.

남부럽지 않은 휴식을 즐길 수 있는 1인실.

Tip
오키나와의 게스트하우스

대부분의 게스트하우스가 1주일과 1개월 등 장기 숙박에 할인을 적용해주므로 홈페이지를 통해 가격을 확인해보고 예약하자. 또 대부분 체크인시 현금으로 돈을 받는 경우가 많으므로 숙박비를 별도로 챙겨 지불하자. 아래의 가격은 모두 1인 기준 가격이다. 또 오키나와 게스트하우스 중에는 에어컨을 정해진 이용 시간에만 사용할 수 있거나 유료로 이용해야 하는 곳들이 있다. 특히 개인실이 아닌 도미토리를 예약하는 경우 홈페이지에서 에어컨 사용에 대해 미리 확인해보면 좋다.

나하

1. 테라 퍼마Terra Firma
주소 沖縄県 那覇市 安里 1-5-1, 2F(오키나와현 나하시 아사토 1-5-1, 2층)
전화번호 080-4310-2445
홈페이지 terrafirma-okinawa.com
이메일 info@terrafirma-okinawa.com
가격 도미토리 1,700엔 / 싱글룸 2,000엔 / 트윈룸 1,650엔
특이 사항 여성 전용 게스트하우스, 자전거 대여 가능, 사물함이 무료

2. 오키나와 모노가타리沖縄物語
주소 沖縄県 那覇市 牧志 2-7-24(오키나와현 나하시 마키시 2-7-24)
전화번호 098-975-6567
홈페이지 okinawamonogatari.com
이메일 info@okinawamonogatari.com
가격 도미토리 1,700엔 / 트윈룸 1명 2,500엔, 2명 2,200엔 / 일본식 다다미방 1명 2,500엔, 2인 2,200엔, 3인 1,900엔
특이 사항 3층은 여성 전용 도미토리, 코인 사물함

3. 안안 게스트 인Aｎ庵すとinn
주소 沖縄県 那覇市 牧志 3-5-5(오키나와현 나하시 마키시 3-5-5)
전화번호 098-862-2446
홈페이지 ananguestinn.com
이메일 info@ananguestinn.com
가격 도미토리 1,500엔 / 싱글룸 2,600엔 / 트윈룸 2,900엔
특이 사항 1층 카페 공간, 자판기 있음, 코인 사물함, 짐 보관 가능

4. 로하스 빌라ロハスヴィラ
주소 沖縄県 那覇市 牧志 2-1-6, 3Ｆ(오키나와현 나하시 마키시 2-1-6, 3층)
전화번호 098-867-7757
홈페이지 www.lohas-cg.com
이메일 info@lohas-cg.com
가격 도미토리 1,600엔 / 싱글룸 3,600엔 / 트윈룸 2,600엔
특이 사항 자판기 있음

5. 스텔라 리조트ステラリゾート

주소 沖繩縣 那覇市 牧志 3-6-41, 3F(오키나와현 나하시 마키시 3-6-41)

전화번호 098-863-1330

홈페이지 www.stella-cg.com

이메일 info@stella-cg.com

가격 도미토리 1,400엔 / 싱글룸 3,000엔 / 트윈룸 2,100엔 / 트리플룸 2,100엔

6. 마호로바まほろば

주소 沖繩縣 那覇市 久茂地 3-9-7, 4~5F(오키나와현 나하시 쿠모지 3-9-7, 4~5층)

전화번호 098-911-6941

홈페이지 resyogi9.wix.com/guesthousemahoroba

이메일 info@mysite.com

가격 도미토리 1,200엔 / 싱글A 1,500엔 / 트윈 B&C(3명까지 가능) 2,000엔

특이 사항 성수기인 7~10월에는 1박에 100엔씩 추가 적용

7. 쿠모지 소 호스텔HOSTEL くもじ荘

주소 沖繩縣 那覇市 久茂地 3-23-10, 6F(오키나와현 나하시 쿠모지 3-23-10, 6층)

전화번호 098-866-5031

홈페이지 www.kumojisohostel.com

가격 도미토리 1,200-2,300엔 / 싱글 룸 2,500-3,500엔 / 트윈룸 2,400-3,000엔

특이 사항 숙박일에 따라 요금이 다름, 자판기 있음

8. 게스트하우스 베이스 오키나와GUESTHOUSE BASE OKINAWA

주소 沖繩縣 那覇市 若狹 1-17-5(오키나와현 나하시 와카사 1-17-5)

전화번호 090-1385-9044

홈페이지 www.base-okinawa.net

이메일 baseokinawa@gmail.com

가격 도미토리 1,500엔 / 싱글룸 1명 3,500엔, 2명 2,200엔, 3명 1,600엔

특이 사항 자전거 대여 가능, 짐 보관 가능

9. 게스트하우스 케라마ゲストハウスけらま

주소 沖繩縣 那覇市 前島 3-12-21(오키나와현 나하시 마에지마 3-12-21)

전화번호 098-863-5898

홈페이지 www.guesthouse-okinawa.com

이메일 kerama@guesthouse-okinawa.com

가격 도미토리 1,200엔 / 개인실(3평/3.5평) 1명 3,000엔, 2명 1,800엔, 3명 1,600엔, 4명 1,400엔

특이 사항 사물함이 무료

10. 미나미카제南風

주소 沖繩縣 那覇市 泊 2-4-6(오키나와현 나하시 도마리 2-4-6)

전화번호 098-863-1183

홈페이지 minamikaze-cg.com

가격 도미토리 1,500엔 / 싱글룸 2,500엔 / 트윈룸 2,000엔

중부

11. 쓰키토우미月と海
주소 沖縄県 中頭郡 読谷村 喜名 195(오키나와현 나카가미군 요미탄손 키나 195)
전화번호 090-4430-9900
홈페이지 guesthouse.oknw.jp
이메일 enjoy.oknw@gmail.com
가격 도미토리 2,000엔 / 개인실 1명 3,500엔, 2명 3,000엔, 3명 2,500엔, 4명 2,000엔
특이 사항 자전거 대여 가능, 짐 보관 가능

12. 야도카리 오키나와宿かり沖縄
주소 沖縄県 中頭郡 読谷村 喜名 323-3(오키나와현 나카가미군 요미탄손 키나 323-3)
전화번호 098-958-7444
홈페이지 www.yadookinawa.com
이메일 info@yadookinawa.com
가격 싱글룸 1,500엔 / 일본식 다다미방 1,500엔 / 세미 더블룸(2명 가능) 2,000엔 / 2층 침대방 2,000엔 / 트리플 침대방 2,000엔
특이 사항 정원 BBQ 가능

13. 히쓰지야혼텐羊屋本店
주소 沖縄県 沖縄市 胡屋 2-1-71, 2F(오키나와현 오키나와시 고야 2-1-71, 2층)
전화번호 090-1940-2329
홈페이지 www.hitsujiyahonten.com
이메일 info@hitsujiyahonten.com
가격 도미토리 1,700엔 / 개인실 A(2명까지 가능) 1명 3,000엔, 2명 2,500엔 / 개인실 B(6명까지 이용 가능) 1명 3,000엔, 2명 2,500엔, 3명 2,000엔, 4~5명 1,700엔, 6명 1,500엔

14. 러프스타일ラフスタイル
주소 沖縄県 うるま市 石川 2111-5(오키나와현 우루마시 이시카와 2111-5)
전화번호 090-3195-3049
홈페이지 www.lafstyle.net
이메일 loughstyle@docomo.ne.jp
가격 개인실 2,000엔(에어컨 이용 요금 1박당 200엔 추가)
특이 사항 여성 전용 게스트하우스, 자전거 대여 가능 (무료)

15. 오야도おやど
주소 沖縄県 中頭郡 北谷町 吉原 1101-3(오키나와현 나카가미군 차탄초 요시하라 1101-3)
전화번호 080-2728-0810, 098-921-7463
홈페이지 www.oyado-nangoku.com
이메일 oyado@io.ocn.ne.jp
가격 도미토리 1,800엔 / 개인실 1(3명까지 가능) 1명 2,300엔, 2명 2,000엔, 3명 1,850엔 / 개인실 2(2명까지 가능) 1명 2,200엔, 2명 1,950엔
특이 사항 오토바이와 자전거 대여 가능

16. 야구나노소라ヤーグナの空
주소 沖縄県 中頭郡 嘉手納町 水釜 408 HN7226(오키나와현 나카가미군 카데나초 미즈가마 408 HN7226)
전화번호 098-989-1290, 090-9789-6404
홈페이지 www2.bbweb-arena.com/aohausu/mypage.htm
이메일 ya-gunanosora@major.ocn.ne.jp
가격 도미토리 2,000엔 / 개인실 1명 3,600, 2명 2,500엔, 3명 2,000엔

17. 라이프 이즈 어 저니Life is a Journey

주소 沖縄県 中頭郡 読谷村 長浜 30(오키나와현 나
카가미군 요미탄손 나가하마 30)

전화번호 098-921-6666, 090-6860-2918

홈페이지 www.lifeisajourney.join-us.jp

이메일 lijourney@water.ocn.ne.jp

가격 도미토리 기본 2,300엔 / 트윈룸(바다 전망) 기
본 1명 4,000엔, 2명 3,500엔 / 트윈룸(산 전망) 기본
1명 3,600엔, 2명 3,000엔

특이 사항 자전거 대여 가능(무료), 성수기와 비수기 가
격은 홈페이지 참고

18. 치이사나니지ちいさなにじ

주소 沖縄県 中頭郡 読谷村 大湾 662(오키나와현
나카가미군 요미탄손 오완 662)

전화번호 098-921-5312

홈페이지 chiisananiji.com

이메일 info@chiisananiji.com

가격 도미토리 2,000엔 / 개인실 1명 3,500엔, 2
명 3,000엔 / 그룹실 3명 2,500엔, 4명 2,000엔

특이 사항 오완大湾 버스 정류장(58번 버스)까지
픽업 가능(사전에 문의), 에어컨 유료(3시간 100
엔), 짐 보관 가능

19. 게스트하우스 아가이하마民宿アガイ浜

주소 沖縄県 島尻郡 与那原町 東浜 106-4(오키나
와현 시마지리군 요나바루초 아가리하마 106-4)

전화번호 098-988-8026

홈페이지 agaihama.com

이메일 info@agaihama.com

가격 도미토리 2,000엔 / 싱글룸 3,500엔 / 트윈룸
2,500엔

특이 사항 근처의 도시락 가게에서 아침식사 배달
(300엔, 예약시 신청 가능, 7시 배달됨), 오키나
와 요리 체험 1인당 2,000~3,000엔(재료비 포
함), 해돋이 등산 투어 1인당 4,000엔

20. 나고 아시안 게스트하우스 보더名護アジアンゲストハウス Border

주소 沖縄県 名護市 呉我 135(오키나와현 나고시 고
가 135)

전화번호 098-058-1811

홈페이지 border-nago.com

이메일 border.nago@gmail.com

가격 도미토리 1,800엔 / 트윈룸 1명 3,800엔, 2명
2,500엔, 3명 2,000엔 / 툇마루가 있는 트윈룸 2명
2,500엔, 3명 2,000엔 / 바다가 보이는 더블룸 2명
2,500엔 / 그룹실 3명 2,500엔, 4명 2,200엔, 5명
2,000엔

특이 사항 에어컨 유료(100분에 100엔),자전거 대여
가능(1일 500엔, 1시간 이내 무료), 스노쿨링 장비 대여,
BBQ 가든, 옥상 발코니

카이
소
우

메리크리스마스 아빠

나는 어려서부터 생각이 많은 꼬마였다. 내 행동 때문에 누군가가 힘들어하지 않을까 하는 괜한 생각에, 바라는 것들의 대부분을 마음으로 삼켰다. 크리스마스 선물조차 사 달라 조르지 않았던, 마음이 조숙했던 어린 날들.

　　사춘기를 눈앞에 둔 열세 살의 나는 문득, 크리스마스 선물을 받고 싶어졌다. 기억은 잘 나지 않지만 감정 표현에 늘 서툴렀던 나는 아마 기어들어가는 목소리로, 부모님 앞에서 크리스마스 선물을 받고 싶다고 말했을 것이다. 애교도 없고, 감정 표현도 서툰 딸. 아빠는 아주 흔쾌히 동행해주었다. 동네에서 조금 떨어진 번화가의 커다란 팬시 전문점이었을 것이다. 거기에 곰돌이 푸우의 얼굴만 덩그러니 있는 커다란 인형이 있었다. 애초에 친구들과 그 가게를 구경하다가 그 푸우 쿠션이 갖고 싶었던 거겠지, 때마침 크리스마스가 있어 나는 기뻐했던 거겠지. 아빠에게 휴일을 주는 크리스마스도 있었고 선물을 사줄 아빠도 있으니 나는 얼마나 복 받은 아이였던가.

　　그날 아빠가 푸우 얼굴을 사줬다. 커다랗고 노란 푸우 얼굴을. 한아름 안으면 품에 가득 찰 만큼 커다란 얼굴을. 그걸 내 손으로 들고 왔는지, 아빠가 대신 들어주었는지 기억나지 않는다. 푸우는 어떻게든 우리 집으로 왔다. 다만 기억하는 것은 가게에 들어설 때 꼭 잡고 있었던 아빠의 손, 사춘기를 눈앞에 두고 반쯤 어색하게 힘을 주고 잡았을 아빠의 손, 아빠의 손이다.

그래서 '선물'이라는 말을 들으면 지금도 푸우 얼굴과 아빠의 손이 먼저 떠오른다. 이곳 카이소우에서도 친구들에게 선물하면 좋을 물건들을 만지작거리다가 또 커다랗고 노란 푸우 얼굴이 생각났다. 그런데 '그렇게 아끼는 푸우 얼굴은 도대체 어떻게 되었느냐' 묻는다면 할 말이 없다. 없어졌다.

푸우가 없어졌다는 사실은 이사하고 일주일 만에 알아차렸다. 엄마가 짐을 실어 보내기 전 푸우를 버렸다고 했다. 곰곰 생각해보니 그 인형을 버린 것은 엄마가 아니라 나인 것이나 다름없었다. 이사하기 전에도 방 한편에 놓아두고 아무런 관심을 주지 않았기 때문이다. 그건 늘 곁에 있었기에, 없는 것과 다름없었다.

그러다 정말 없어졌다. 푸우는 커다란 쓰레기봉투에 담겨 어딘가로 흘러갔을 것이다. 불을 붙였다면 불 타 사라졌을 것이다. 나의 커다랗고 노란 푸우는 이 세상에서 사라질 것이다. 하지만 푸우 얼굴은 영원히 있을 것이다. 해마다 크리스마스가 돌아옴으로써, 어색하게 잡았던 그때 아빠의 손이 그리워짐으로써.

카이소우 평화거리 2호점

海想平和通り2号店, 카이소우 헤이와도리 니고텐

여행을 하다보면 그곳에 함께 오지 않은 지인들에게 그곳의 분위기가 한껏 담긴 물건을 선물하고 싶어진다. 작게나마 자신이 느꼈던 낯선 곳의 분위기를 전해주고 싶은 것. 그래서 여행 선물은 고민이 많다. 사람들이 필요로 할 만하면서도, 그곳만의 자연 환경이나 전통 문화를 잘 담고 있는 것을 찾기가 쉽지 않기 때문이다.

오키나와에서 지인들에게 무엇을 선물할지 고민이라면 국제거리 안 평화거리(헤이와도리)에 위치한 '카이소우'를 찾아가보자. 카이소우는 오키나와의 자연과 해양 문화를 테마로 한 상품을 기획·판매하는 숍이다. 수제 비누, 문구, 에코백, 패턴 패브릭, 은/가죽 공예 액세서리 등 다양한 물건들에서 오키나와의 자연, 그중에서도 바다와 해양 생물들의 매력이 한껏 느껴진다. 1992년 국제거리에 문을 열어 지금은 오키나와에 7개의 점포를 둔 숍인 만큼, 물건이 깔끔하고 패키지도 훌륭하다. 무엇보다 친절하게, 손님을 살뜰히 챙긴다.

주소 沖縄県 那覇市 牧志 平和通り 3-2-56(오키나와현 나하시 마키시 헤이와도리 3-2-56)

전화번호 098-862-9750

운영 시간 9:00~21:00

휴무일 연중무휴

홈페이지 www.kaisou.com

찾아가기 국제거리 중간쯤에 위치한 스타벅스 앞 교차로에서 건너편, 헤이와도리平和通り에 위치

오후 ✲ 나하

오키나와의 바람

내 마음 어디쯤이 흔들릴 때、

바람을 본다

바람은 열린 창을 지나곤 한다. 바람은 아마 단단한 블라인드보다 보드라운 커튼을 더 좋아할 것이다. 창문을 열고 커튼을 드리우면, 바람이 불 때마다 커튼이 일렁인다. 커튼이 일렁일 때마다 바람이 보인다. 바람이 보이면, 바람을 본다. 커튼이 파닥거리며 바람이 있음을 보여주는 그 순간이 끝내주게 좋다. 바람은 거기에 있다.

바람은 일렁이는 무엇인가가 존재해야 보인다. 색도 모양도 없어서 어딘가에 부딪쳐야만 드러나는 것이다. 다른 존재를 흔들지 않고서야 제 모습을 보여줄 수 없는 녀석. 흔들리는 무엇이 있어야 모습을 보여주는 녀석. 나뭇잎이 춤을 추고 커튼이 펄럭일 때, 모자와 스카프 같은 것들이 비행을 시작할 때, 무언가가 일렁일 때 우리는 바람을 본다. 바람이 분다고, 말한다.

바람은 있다. 이따금 바람이 부는 순간을 잡기 위해 나부끼는 것들을 카메라에 담는다. 그러나 셔터를 누르는 순간 바람은 멈춘다. 바람은 강물 같아서 흘러야만 살 수 있기 때문이다. 정지한 바람은 바람이 될 수 없다. 흘러갈 때만 바람이 된다. 카메라로 바람을 찍으면 흔들리는 것도 바람도 멈추어 선다. 멈추어버린 세상에는 바람이 없다. 그러니 바람은 몸으로 맞아야 한다. 온몸을 써서. 온몸에 부딪히는 바람을 느끼며 한없이 일렁이고 흔들려야 한다.

오키나와에서 수많은 바람을 목격한다. 나무에서 파도에서 머리카락에서 옷깃에서. 이 바람이 나를 흔들고 있었구나, 싶었을 때야 바람을 본다.

　　오키나와의 바람은 국제거리 골목에 위치한 편집숍이다. 유리 공예로 만든 컵이며 조각해서 만든 연필, 한 땀 한 땀 바느질한 손수 건…… 사람이 손으로, 손가락으로 빚어낼 수 있는 온갖 상상이 이 가게 안에 다 담긴 듯하다. 조물조물 무언가를 만들어내는 사람들은, 대부분이 제자리를 지키고 있는 법이라, 가끔 눈에 잘 띄지 않는다. 바람처럼, 보이지 않는다. 그러나 그들은 끊임없이 흐르고 있다. 흐르다가 무엇인가에 가 부딪친다. 그들이 가 부딪치면 세상은 흔들리고 일렁이며 춤을 춘다. 색도 모양도 없는 바람 같은 그들이 세상을 흔든다.

　　그저 좋아하는 일을 하는 것뿐이라 말하는 사람들이 좋다. 그저 하루하루에 충실한 사람들. 오늘이 전부인 것처럼 자신을 기쁘게 만

드는 일을 해나가는 사람들. 그 사람들 모두가 바람이다. 오키나와의 바람이다. 이 작은 가게 안에서 내 마음 어디쯤이 흔들릴 때, 바람을 본다.

큰길에서 조금만 골목으로 들어오면 멋진 세계가 펼쳐진다.

오키나와의 바람

沖縄の風, 오키나와노 카제

2010년 1월에 문을 연 '오키나와의 바람'은 오키나와의 좋은 것들을 모은 아트 잡화 셀렉트 숍이다. 오키나와를 쏙 닮은 짙은 파랑을 포인트로 준 점포가 한눈에 들어온다. 전면이 유리로 된 가게 앞면 쇼케이스를 통해 오키나와 아트 상품들을 구경해보는 것도 좋지만, 가게 안으로 들어서면 더욱 흥미진진하다. 미술 작가들의 유리 공예, 도자기 공예 작품들과 티셔츠나 펠트 상품, 액세서리 등을 판매하고 있다. 오키나와는 빈가타*나 유리 공예, 도자기 공예 등으로 잘 알려져 있지만, 이곳에서는 특히 오키나와 작가들의 흐름을 읽을 수 있는 물건들이 많다. 잡지나 가이드북에는 쉽게 접할 수 없는 오키나와 아트의 '지금'을 느낄 수 있는 곳. 산뜻한 남쪽 바람 불어오는 그곳.

* 빈가타びんがた: 오키나와에서 발달한 날염 방식. 한 장의 형지型紙를 가지고 다채로운 무늬를 염색해낸다.

주소 沖縄県 那覇市 牧志 2-5-2(오키나와현 나하시 마키시 2-5-2)

전화번호 098-943-0244

운영 시간 11:00~20:00(7~9월은 22:00까지)

휴무일 연중무휴(12월 31일~1월 3일 휴무)

홈페이지 www.okinawa-wind.com

찾아가기 국제거리에서 마키시 역 방향으로 직진. 스타벅스, 미쓰코시 백화점, 맥도널드 건물을 지나 패밀리마트가 있는 블록 끝에서 좌회전. 골목 입구 쪽에 위치한다.

쓰보야 야치문 거리

길 위에서

어려서는 무엇이든 쉬웠다. 엄마 아빠에게 허세를 부리는 일도 참 쉬웠다. 이를테면 이런 거다. 전원주택을 짓고 살게 된 누군가의 이야기를 듣고 부러워하는 부모님께 "내가 나중에 커서 돈 벌면 공기 좋은 곳에 마당이 있는 예쁜 집 지어줄게!" 하는 식. 물론 그때는 그 말들이 허세라고 생각하지도 않았거니와, 그 말을 실현하는 것이 참 쉬울 거라 생각했다. 성인이 되고, 일을 갖고, 돈을 벌기 시작하면 엄마 아빠에게 그 정도는 쉽게 해줄 수 있으리라 믿었다. 나이만 먹으면 당연히 할 수 있는 일일 줄 알았지, 그때의 나는 어려서, 어른이 되면 그 모든 일이 쉽게 이루어질 것이라 쉽게 생각했다.

　물론 절대 쉽지 않은 일이었다. 월급을 받아 절반은 적금을 붓고, 월세를 내고, 지난달 생활했던 카드 값까지 내고 나면 남는 게 별

로 없었다. 다른 누구도 아닌(!) 내 입으로 들어가는 쌀과 반찬, 휴대폰을 충전하거나 컴퓨터를 할 때 쓰는 전기, 추워서 트는 난방, 샤워할 때 쓰는 물, 전화하고 메시지 보내는 휴대전화…… 심지어 목말라서 마시는 물까지! 그야말로 '살아서 생활하는 일' 자체에 모두 돈이 들어갔다. 일을 시작하기 전인 25년 동안을 그 모든 것을 부모님이 감당해주고 있었다는 사실은 꼬박꼬박 돈을 벌고 꼬박꼬박 써본 뒤에야 알았다.

어려서 생각했던 것만큼 쉽지는 않지만, 그래도 일을 시작한 후로부터 매달 부모님께 용돈을 부쳐드린다. 부모님이 살뜰히도 나를 키우셨듯, 마음을 다해 보답하고 싶다. 물론 그것이 돈으로 전부 가능

한 부분이 아님을 알지만, 그것이 최소한의 노력은 될 수 있지 않나 싶은 마음이다. 돈을 부치면서 늘 생각한다. 30년 가까이를 어김없이, 매일 아침 출근했던 아빠의 시간을. 등록금이며 생활비며 살뜰히 아껴가며 살림을 꾸려왔을 엄마의 시간을. 아주 길고 지난한 시간이었을 것이다. 가끔은 아빠도, 엄마도 도망치고 싶었을 것이다. 이 지긋지긋한 일상을 두고.

　　그래서인지 이렇게 여행을 떠나올 때면, 자주 부모님을 떠올린다. 여전히 마냥 어린아이였다면 "내가 나중에 커서 돈 벌면 세계일주 보내줄게!" 하고 쉽게 말할 수 있었겠지만, 이제는 그런 말도 쉽게 건네지 못한다. "다녀올게요" 하고 문을 나서면, 딱 나 한 사람만큼의 여행밖에 책임지지 못하는 현실이 조금은 서글퍼진다. 마음속 어린

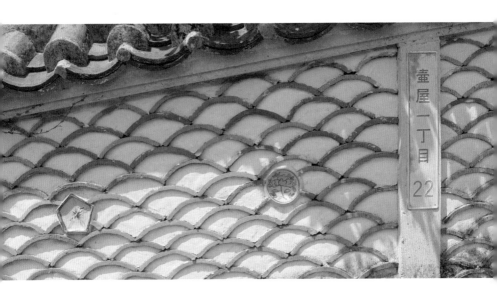

아이처럼 쉽게 세계 여행을 보내드리고 싶어서. 내 몫 이상의 여행을
함께 떠나고 싶어서. 부모님이 어렸던 나의 손을 잡고 새로운 세상을
보여주었듯, 나도 부모님의 손을 잡고 새로운 세상을 만나게 해드리
고 싶어서.

　여행지에서 이렇게나 좋은 볕과 재미있는 풍경을 만날 때면,
맛 좋은 음식을 입에 넣을 때면 더 눈물겹다. 길 위에서 엄마와 아빠
를 떠올린다. 용돈을 부쳐드릴 때마다 생색을 내는 나와 달리, 지난날
단 한 번도 생색을 낸 적이 없는 부모님을 생각한다. 길고 지난했을
시간이 이 작고 뜨거운 거리 위에 쏟아진다.

쓰보야 야치문 거리
壺屋やちむん通り, 쓰보야 야치문 도리

300년 이상 전에 류큐琉球왕국 각지에 있던 도공들이 모여든 것
으로 형성된 거리이다. 오키나와 옛 건물들을 볼 수 있고 시사나
항아리, 그릇 등 오키나와 도자기를 살 수 있다. 저렴한 도자기
가 들어오면서 쓰보야 도자기는 명성을 많이 잃었지만, 여전히
도공들이 그 명맥을 이어가고 있다. 오키나와 도자기의 역사를
한눈에 볼 수 있는 쓰보야 도자기 박물관도 이 거리에 위치해 있
다. '쓰보야 야치문'의 야치문やちむん은 오키나와 방언으로 '도
자기'를 의미한다.

　　　거리 자체에 볼거리가 있기보다는 각각의 공방을 구경하
는 재미가 있는 거리이므로 망설이지 말고 이곳저곳 들어가 구
경해보자.

주소 沖縄県 那覇市 壺屋 1-21-14 やちむん通り (오키나와현 나하시
쓰보야 1-21-14 야치문 도리)

운영 시간 10:00~18:00(가게마다 다름)

찾아 가기 마키시 역에서 250미터 거리에 위치한 1층에 편의점 로손
이 있는 텐부스나하てんぶす那覇 건물에서부터, 사쿠라자카나카 거리桜
坂中通り를 따라 300미터 정도 직진하면 거리 시작점이 보인다.

차
타
로

좋
아
하
는

계
절
을

물
었
을

때

누군가 좋아하는 계절을 물으면 단연 '봄'이라 대답한다. 하지만 실은 대답하기 조금 귀찮아서 겨울, 봄, 여름, 가을의 4지선다에서 답을 고른 것뿐이지, 마음속의 답은 따로 있다. 겨울에서 봄으로 넘어갈 때, 겨울을 막 벗어나서 땅이 녹기 시작하는 봄. 그때가 제일 좋다.

몸에 열이 많은 체질인 나는 더운 것은 딱 질색이다. 여름이 오기 시작하면 벌써 막막하다. 여름을 견뎌 바람이 선선해지고 코끝에 추위가 맺힐수록 기운이 난다. 한겨울에도 문제가 없다. 아주 높고 새파란 겨울 하늘, 소복하게 쌓인 눈. 새파랑과 새하양 사이에서 즐겁게 걷는다. 그러다 겨울이 끝나갈 즈음엔 아쉽기까지 하다.

날이 따뜻해지기 시작하면, 멀리에서 땅 녹는 냄새가 난다. 그 냄새를 맡은 날부터가 봄이다. 말랑하게 녹은 땅으로 하나둘 생명이

스며들고, 자라날 것이다. 말랑말랑하고 보드라운 봄은 솜사탕처럼 이내 사라져간다. 그뒤엔 또다시 혹독한 여름이……

　　오키나와의 여름은 '찌는 듯한 더위'가 무엇인지 알려준다. 9월 중순에도 기온은 30도를 맴돈다. 특히나 견디기 힘든 것은 엄청난 습도다. 거리는 그야말로 찜통, 찜질방 같다. 이렇게 덥고 습한 날씨를 이겨내기 위해 오키나와 대부분의 실내 공간에는 과하다 싶을 만큼 에어컨을 틀어둔다. 그래서 걷다가 몸에 열이 많이 찼다고 느껴질 때마다 주변에 있는 상점에 들어가 구경을 했다. 뭐라도 살 것처럼 이리저리 열심히 구경하다가, 기운이 나면 슬쩍 가게를 빠져나가 다시 걷기 시작한다. 열을 빼내고 나면 다시 씩씩하게 잘도 걷는다.

　　차타로 또한 땀도 식힐 겸 구경하러 들어갔던 곳인데, 한쪽에서
는 도자기와 나무 공예 상품을 팔고 한쪽에서는 음료와 요리를 판매
하고 있었다. 물건들의 모양새를 보나 손님을 대하는 직원의 태도로
보나 당연히 음식 맛도 좋을 것이라는 생각이 들어 팥빙수 한 그릇을
주문했다. 카페 한 구석에 가방도 카메라도 다 내려놓고 앉아 시원
한 팥빙수를 먹다가 문득, 제대로 쉬며 열을 식히는 것 또한 오키나
와 여행의 큰 부분임을 깨닫는다. 의욕만 가득해서 무리해서 걸어다
니다보면 기운이 쏙 빠져버려 남아 있는 여행에 나쁜 영향을 줄 수도
있다. 느끼고 싶은 것이 많은 여행이라면, 오히려 욕심을 덜어내고 제
대로 쉬어갈 줄 아는 마음가짐이 필요했다.

투박해서 더 멋스러운 차타로의 도자기들.

그 덥고 습했던 날씨에 미운 정이 들었던 것인지, 몸은 벌써 그곳의 온도와 습도를 잊어버린 건지, 오키나와를 떠나오고선 문득문득 '오키나와에 살고 싶다'는 생각에 빠지곤 했다. 물론 찜통 같은 더위를 이겨낼 자신은 없다. 찜통 같은 더위에 푹 빠져 녹초가 되어서라도, 나를 다시 걷게 했던 그 볕과 풍경들이 더 아름다웠으니. 찜통 속 '찜'이 되어서라도, 나는 오키나와에 살고 싶다.

차타로
茶太郎

．．．

쓰보야 야치문 거리에 위치한 여러 개의 도자기 공방들을 살펴
보다가 유독 재밌고 독특한 아이디어가 빛나는 곳이 있어 들어
섰다. 손바닥에 쏙 들어가는 콩 접시, 손가락 세 개 정도 크기인
작은 화병, 그 화병에 꽂혀 있는 마른 꽃…… 온통 마음을 사로
잡는 것들뿐이다. 차타로는 도자기, 나무 공예 상품을 판매하는
셀렉트 숍과 음료와 요리를 판매하는 카페를 겸하는 공간이다.
잡화 구경도 하고, 식사를 하거나 차를 마시며 쉬어갈 수도 있는
일석이조의 공간!

주소 沖縄県 那覇市 壺屋 1-8-12(오키나와현 나하시 쓰보야 1-8-12)

전화번호 098-862-8890

영업 시간 10:00~20:00

홈페이지 cafe-chataro.com

메뉴 하테루마 섬 흑설탕을 넣은 우유 팥빙수波照間黒糖 ミルクぜんざい 650
엔, 이시가키 섬 망고를 넣은 우유 빙수石垣島のマンゴーミルク 680엔, 바질
치즈 바게트샌드위치バツルチーズバゲットサンド 900엔, 타코라이스タコライス
950엔, 카르보나라カルボナーラ 1,000엔 등

찾아가기 쓰보야 야치문 거리 입구에서 80미터 직진, 오른편에 위치.

우키시마 가든

여행은 몸이 기억한다

여행은 몸이 기억한다. 살갗에 와 닿던 햇볕의 느낌, 코를 통해 스며
드는 낯선 냄새, 입안 가득 우물거리던 음식의 맛. 그것들의 정체를
알아차리는 것이 뇌라 할지라도, 그것들을 감각하고 기억하는 것은
몸이다. 몸이라는 것은 실재實在하는 것이다. 그래서 몸은 그때 거기
엔 없고, 훗날 저기에도 없다. 여행이란 내 몸이 실재하는 지금 여기
의 일이기에 언제나 현재형이다.

　　몸은 끊임없이 세상을 입력하고 저장한다. 그러다 문득 지루해
질 때 외로워질 때 가라앉을 때, 몸은 제가 가지고 있던 기억을 꺼내
어놓는다. 그곳에서만 느낄 수 있는 태양의 감도, 공기를 타고 흐르는
냄새, 그 땅에서 자란 맛. 몸은 그것들을 갈망하게 만든다. 그러나 그
것들은 여기에 없고, 몸은 여기에 있다. 가끔은 비슷한 냄새를 맡거나

조도가 낮은 이곳에선 건강한 먹거리만 판다.

비슷한 풍경을 보고도 우리는 그곳에 두고 온 것들을 떠올린다. 그때쯤이면 우리는 다시 여행을 떠나길 간절히 바라게 된다. 푸념처럼 뱉는 말, "여행가고 싶다."

　　때문에 여행이란 상상할 수 없는 무엇, 직접 겪어보지 않으면 알 수 없는 무엇이다. 순간은 '몸소' 보고 맛보고 만져보는 과정을 통해 받아들여진다. 특히나 음식을 맛보았던, 맛에 대한 감각은 더 강렬하다. 한국에 돌아와서 똑같은 음식을 만들어 먹어보아도 절대 재현할 수 없는 맛, 그 맛이 있으니까 말이다. 무라카미 하루키도『저녁 무렵에 면도하기』에서 이런 말을 했다. "도쿄에 있는 이탈리안 식당의 파스타도 꽤 수준은 높다. 다른 나라 음식인데 맛있게 잘도 만들었네,

하고 곧잘 감탄한다. 그러나 국경을 넘어 이탈리아로 돌아가 아무 식
당에서나 "아, 맛있어" 하면서 먹었던 이탈리안 파스타의 '새삼 절감
하는' 맛은 역시 찾을 수 없다. 음식이란 결국 '공기 포함인 것' 같다.
정말로 그렇게 생각한다."

　　고야, 나비아라, 우미부도우, 아사…… 여행 전부터 오키나와에
서 자라는 다양한 채소와 해조류를 맛본다는 기대감에 부풀어 있었
다. 오키나와를 맛보고 싶었다. 남쪽 나라의 '맛'에 대한 환상.
　　우키시마 가든은 채식주의자들을 위한 식당이었다. 섬 채소를
넣어 만든 파엘라 한 접시. 내 혀가 알지 못했던 새로운 식감, 내 코가
알지 못했던 새로운 풍미. 한 입에 넣기 좋은 크기로 음식을 떠 입안

당근처럼 보이는 건 생강 맛, 고추처럼 보이는 건 알로에 맛!

에 넣고, 우물우물 씹는다. 입안 가득 오키나와가 전해진다. 창밖으로 보이는 오키나와의 작은 골목길, 낮은 조도, 조용히 대화를 나누는 옆 테이블 손님들, 부엌에서 전해지는 주방장의 바쁜 손길, 주문을 받아 주던 종업원의 옅은 미소. 그 모든 것이 맛이 되어 우물우물, 내 안으로 들어간다.

무라카미 씨, 저도 그렇게 생각합니다! 음식이란 결국 공기 포함인 것!

우키시마 가든
浮島ガーデン

오키나와에서 재배한 유기농 채소들을 이용해 매크로바이오틱 요리를 만드는 식당이다. '매크로바이오틱Macrobiotic'은 식품이 가진 고유의 에너지를 온전히 섭취하기 위해, 뿌리부터 껍질까지 식재료를 통째로 조리해 먹는 것을 말한다. 동양의 자연사상과 음양원리에 뿌리를 두고 있는 식생활법이다. 때문에 다양한 오키나와 채소를 조리 없이 날것으로 맛볼 수 있는 메뉴도 있고, 파엘라나 파스타 등 유럽식, 아시아식으로 조리된 메뉴도 있다. 다양한 유기농 포도주도 준비되어 있어 음식을 곁들여 함께 먹기 좋다(물론 오키나와산 오리온 맥주도 있다). 건강한 맛의 음식이 과하지 않은 양으로 나오며, 홈페이지에서 사전 예약도 가능하다.

주소 沖縄県 那覇市 松尾 2-12-3(오키나와현 나하시 마쓰오 2-12-3)

전화번호 098-943-2100

운영 시간 11:30~16:00(마지막 주문 15:30), 18:00~23:00(마지막 주문 22:00)

휴무일 연중무휴(연말연시 제외)

홈페이지 www.ukishima-garden.com

메뉴 이리오모테 섬산 쌀로 만든 먹물 파엘라 900엔, 아마란스 야채 파스타 980엔, 야채 쓰케멘˚ 950엔, 칠리 콘 카르네와 빵 950엔 등

찾아가기 모노레일 겐초마에 역 하차, 서쪽 출구로 나가 100미터 정도 직진. 큰 사거리 왼쪽에 위치한 국제거리를 따라 400미터쯤 걷다가 1층에 로손, 2층에 스테이크 다이닝 88이 있는 건물 옆 골목으로 들어간다. 그 길을 따라 다시 200미터 직진하면 오른편에 위치. 혹은 쓰보야 야치문 거리 입구에서 길을 건너 왼쪽으로 100미터 직진 후 골목을 따라 400미터 직진하면 왼편에 위치.

˚쓰케멘つけめん: 진한 국물에 찍어서 먹는 면

Tip
보석 같은 골목길 우키시마 거리
....

첫눈에 반해, 매일같이 찾아갔던 보석 같은 골목길, 우키시마 거리浮島通り, 소박한 밥집들과 옷 가게,
액세서리 가게, 편집숍, 미용실 등이 줄줄이 이어지는 곳이다. 국제거리 큰길에서 마쓰오松尾 교차로를
지나 1층에 로손, 2층에 스테이크 다이닝 88이 있는 건물 옆길로 내려가면 된다. '우키시마'는 '떠다
니는 섬Floating Island'이라는 뜻이라고 하니, 어쩐지 더욱 낭만적이다.

Cafe Soi (식당, 카페)
那覇市 壺屋 1-7-18
ja-jp.facebook.com/soi.naha

cafe プラヌラ (액세서리)
那覇市 壺屋 1-7-20
www.planula.jp

GARB DOMINGO (잡화)
那覇市 壺屋 1-6-3
www.garbdomingo.com

浮島ガーデン (식당)
那覇市 松尾 2-12-3
www.ukishima-garden.com

MIMURI (잡화)
那覇市 松尾 2-7-8
www.mimuri.com

琉球ぴらす (옷)
那覇市 松尾 2-5-36
www.ryukyu-piras.com

anshare project (잡화)
那覇市 松尾 2-12-8
anshareproject.com

chahat ナハ (잡화)
那覇市 松尾 2-21-1
www.chahat27.com

Lamp (카페, 잡화)
那覇市 松尾 2-3-25
www. lamp-cafezakka.com

TEDAKOTEI (식당)
那覇市 松尾 2-11-4, 1F
www.tedakotei.com

La Cucina (비누 공방)
那覇市 松尾 2-5-31, 1F
lacucina.jp

Tailor (카페, 바)
那覇市 松尾 2-11-23, 1F
tailorokinawa.tumblr.com

kaisou (잡화)
那覇市 牧志 平和通り 3-2-56
www.kaisou.com

市場の古本屋 ウララ (책방)
那覇市 牧志 3-3-1
urarabooks.ti-da.net

Borrachos (식당, 바)
那覇市 牧志 1-3-31, 1F
borrachos.jp

GALLERY point 1 (갤러리)
那覇市 牧志 3-1-1, 2F
gallery-point-1.com

玩具ロードワークス (잡화)
那覇市 牧志 3-6-2
www.toy-roadworks.com

沖縄の風 (잡화)
那覇市 牧志 2-5-2
www.okinawa-wind.com

桜坂劇場 (극장)
那覇市 牧志 3-6-10
www.sakura-zaka.com

tituti (잡화)
那覇市 牧志 1-2-6
www.tituti.net

zakka TUKTUK (잡화)
那覇市 牧志 1-3-21
www.tuktuk.org

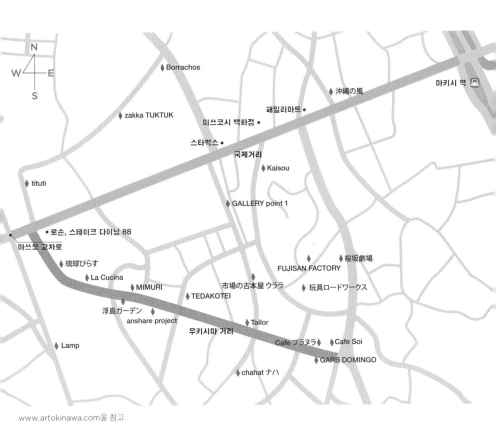

N
W E
S

Borrachos

沖縄の風

마키시 역

zakka TUKTUK

패밀리마트 ●

미쓰코시 백화점 ●

스타벅스 ●

국제거리

Kaisou

tituti

GALLERY point 1

● 로손, 스테이크 다이닝 88

마쓰오 교차로

琉球ぴらす

桜坂劇場

FUJISAN FACTORY

La Cucina

MIMURI

市場の古本屋 ウララ

玩具ロードワークス

TEDAKOTEI

浮島ガーデン

anshare project

우키시마 거리

Tailor

Cafe プラヌラ

Cafe Soi

Lamp

GARB DOMINGO

chahat ナハ

www.artokinawa.com을 참고

오키나와의

진짜 아름다움을 찾아

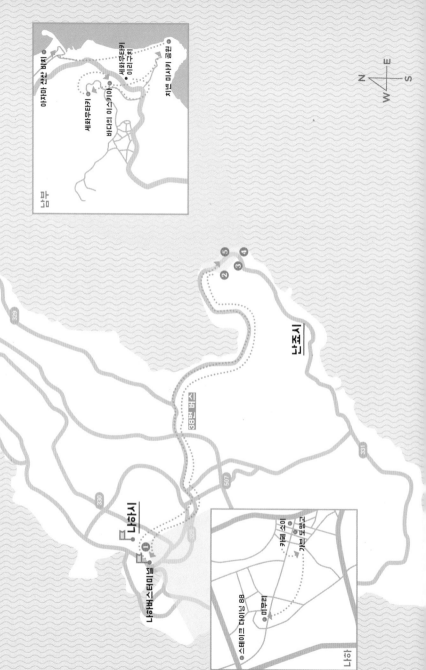

아지마 선셋 비치

세화우타키 이리구치

세화우타키

세화우타키 이시구치

치넨 미사키 공원

세화우타키 이스나다이 바스

남부

N
E
S
W

난조시

2 5 4
3

38번 버스

329

330

331

507

나하시

나하 버스터미널

나하버스터미널

카페 소이

기논 도쿠교

스테이크 다이닝 88

마쿠리

나하

짙푸른 태평양과 바람 소리가 좋은 숲, 이 자연을 고스란히 담아낸 작품들을 만들어 파는 아트 숍까지. 이 '알찬 하루'로 둘째 날을 보내고 나면, 오키나와의 진짜 아름다움이 무엇인지 선명하게 느끼게 될 것이다. 일정은 국제거리 뒷골목의 작은 카페에서 시작된다. '아침부터 웬 카페?' 할 사람들도 있을지 모르지만, '따뜻한 아침밥'을 먹으러 간다고 하면 또 이야기가 달라지겠다. 사실 숙소에서 조식이 제공되지 않는 한 여행지에서 아침식사를 꼬박꼬박 챙기기에는 어려운 경우가 많다. 이른 시간부터 문을 연 식당을 찾기도 어렵고 늦잠을 부려 출발하기라도 하면 어중간한 아점을 먹게 되기 때문이다. 그래서 일정에 일일이 아침식사 장소를 표시하진 않았지만, 이곳만큼은 아침 시간을 내어 일부러라도 찾아갔으면 하는 마음이 들어 소개했다.

　　오후에 본격적인 해수욕을 즐길 생각이라면 아자마 산산 비치 앞의 일정 중 한 가지를 빼고 움직여도 좋다. 아래의 일정으로는 해변을 산책하는 정도로는 넉넉한 시간이지만, 물놀이 복장을 갖추고 해수욕을 즐기고 뒤처리(?)까지 하기에는 시간이 조금 빡빡할 수 있기 때문.

시간	위치	장소	이동 방법
오전	(이동)	모노레일	모노레일을 타고 겐초마에 역 하차.
	나하	카페 소이	
	나하	가브 도밍고	
	나하	미무리	
	(이동)	모노레일	모노레일 겐초마에 역에서 아사히바시 역으로 이동(10분 미만 소요).
	(이동)	버스	나하버스터미널에서 38번 버스를 타고 '세화우타키 이리구치' 하차(1시간 소요).
	남부	세화우타키	
점심식사	남부	바다의 이스키아	
오후	남부	치넨 미사키 공원	
	남부	아자마 산산 비치	
	(이동)	버스	'아자마 산산 비치 이리구치'에서 38번 버스를 타고 '나하버스터미널' 하차(55분 소요).
	(이동)	모노레일	모노레일 아사히바시 역에서 겐초마에 역으로 이동(10분 미만 소요).
저녁식사	나하	스테이크 다이닝 88	

카페 소이

여 행 자 를 위 한 마 음

여행지에서의 나는 부지런한 편이 아니다. 물론 새벽같이 일어나 한 곳이라도 더 가보는 게 좋지 않을까, 하는 생각을 해본 적도 있지만, 아침 일찍 일어나는 건 출근을 해야 하는 서울에서 매일 한다. 그러니 여행지에서는 '도착해야만 하는 시간' 같은 것 없이 눈이 떠지는 대로 잠에서 깨고, 마음이 동하는 대로 행동한다. 일정이나 시간을 잊고 몸의 시간에 맞추어. 나는 지금 여행을 하고 있으니까.

　　9시가 넘었다. 멍하니 침대에 앉아 있는데 배가 고파온다. 여행을 떠나오기 전 『새로운 오키나와』라는 책을 읽다가 꼭 가봐야겠다는 생각에 모서리를 접어두었던 곳이 떠올랐다. 카페이지만 아침식사를 챙기기 힘든 여행자들을 위해, 오전 9시부터 11시 15분까지만 쌀국수를 만드는 곳, 카페 소이. 한국에서는 쌀국숫집이 체인점으로

시간과 마음을 다해 만든 아침식사.

차고 넘치고, 게다가 쌀국수를 별로 좋아하지도 않는데, 꼭 가봐야겠다는 생각을 했던 건 어쩌면 본능이나 운명이었는지도 모른다. 나는 소이에 끌렸다. 2시간여 동안 여행자를 위한 아침식사를 차리는 마음, 그 따뜻한 마음을 맛보기 위해 우키시마 거리로 향했다.

나이가 들며, 어렸을 때보다(물론 지금도 한참 어리지만) 느낄 수 있는 재미나 감동의 폭이 부쩍 줄어들었다는 생각을 하곤 한다. 살아가며 세상을 느끼는 재미가 줄어드는 까닭은 아마, 이미 겪어본 것들이 너무 많기 때문일 것이다. 겪어본 맛, 겪어본 냄새, 겪어본 소리, 겪어본 촉각. 완전히 새로운 것을 지각했을 때 오는 기쁨과 환희, 희열 같은 것들을 느껴본 지 오래다. 또한 비교할 대상도 수없이 많

지 않던가. 살며 수집해온 다양한 경험들이 부딪히며 '더 나은 것'과 '별로인 것'을 만들어낸다. '그냥 좋은 것'은 드물고 귀해진다.

그런데 카페 소이에서 그 드물고 귀한 새로움을 오랜만에 맛보았다. 완전히 새로운 감동. 온전히 새로운 맛, 새로운 행복을 지각했기 때문이었다. 자연광을 해치지 않는 낮은 조도. 어쩌면 내가 오늘의 첫 손님인 듯 고요했던 분위기. 맨발 아래로 사박사박 와 닿는 기분 좋은 마룻바닥. 오직 나만을 위한 한 그릇의 쌀국수.

호로록, 쌀국수를 먹다가 생각한다. 음식이라는 것이 이렇게 따뜻할 수 있구나. 마음까지 덥혀줄 수 있구나. 이 따뜻한 맛을 언제 또 먹어볼 수 있을까, 생각하니 눈물부터 그렁그렁 맺힌다. 눈물과 함께 삼킨 따뜻한 한 그릇.

카페 소이
Cafe Soi

....

여행자의 아침식사를 위해 9시부터 11시 15분까지만 딱 4가지의
쌀국수를 만들고, 다른 시간대에는 쌀국수를 제공하지 않는 카페
이다. 메뉴판은 가타카나로 적혀 있어 읽을 수가 없었는데, 그중 하
나에 '돼지 돈豚' 자가 쓰여 있는 쌀국수가 있어 주문할 수 있었다.
4가지 쌀국수 종류는 이렇다.

　　현산 닭고기 포原産チキンのフォー
　　- 똠얌꿍' 포トム·ヤム·クン·フォー
　　- 현산 돼지고기와 토마토 포原産豚とトマトのフォー
　　- 아사''와 닭고기 포ァーサとチキンのフォー

*똠얌꿍: 닭고기 스프 양념 국물에 레몬그라스, 고춧가루, 코리앤더, 말린 새우 등으로
맛을 내서 새우와 버섯 등을 넣고 끓인 스프
**아사: 오키나와의 바위에서 자라는 녹색 해초, 파래

주소 沖縄県那覇市 壺屋 1-7-18(오키나와현 나하시 쓰보야 1-7-18)

영업 시간 09:00~17:00

휴무일 일요일, 월요일, 공휴일

홈페이지 soinaha.exblog.jp/ 혹은 ja-jp.facebook.com/soi.
naha

찾아가기 모노레일 겐초마에 역 하차, 서쪽 출구로 나가 100미터
정도 직진. 큰 사거리 왼쪽에 위치한 국제거리를 따라 400미터쯤
걷다가 1층에 로손, 2층에 스테이크 다이닝 88이 있는 건물 옆 골
목으로 들어간다. 그 길을 따라 다시 400미터 직진, 큰길 직전의
마지막 왼쪽 골목에 위치.

가 브 도 밍 고

몇 다리를 건너면 만나게 되는、 우리

배도 마음도 따뜻해지고, 카페 소이를 찾아가다가 보았던 편집숍으로 발걸음을 향했다. 멀리서 볼 때는 지나치게 말끔한 가게의 분위기에 압도되어 들어갈까 말까를 몇 번이나 망설였다. 그런데 편집숍 치고는 조금 이른 시간부터 문을 열고 있던 것이 마음에 걸리고 또 마음에 들었다. '아, 아침 시간을 보내는 여행자를 기다리고 있구나. 마음을 다해 기다리고 있었나.'

　가브 도밍고로 들어섰다. 눈이 마주치자, 주인장은 정말 나를 기다리고 있었다는 듯, 싱긋 웃어 보였다. 어쩐지 민망한 마음에 얼른 진열되어 있는 물건들로 시선을 옮긴다. 도자기, 컵받침, 차…… 애정 어린 손길이 여러 번 닿은 듯한 물건들이 가지런히 놓여 있다. 행여

나의 움직임이 그 마음을 흐트려 놓을까, 살금살금 걸음을 옮긴다.

"여행하는 중이에요?"

내가 너무 조심스러웠는지, 주인장이 슬며시 말을 붙여왔다. 한 번 가볍게 두리번거려보았는데, 손님은 나 하나뿐이었으니 당연히 내게 던진 질문이었다. 서울에서 왔다는 말을 하자 그는 유독 반가워한다. 자신의 친구가 서울에서 카페를 한다는 것이었다. 카페 이름은 '숟가락'.

정말이지 처음 들어본 이름의 카페였다. 민망해하며 다음에 꼭 찾아가보겠다고 대강(?) 마무리하려는데, 그는 SNS 페이지를 띄워 보여준다. 자세히 보니 숟가락이 아니라 홍대에 위치한 '수카라'였다. 나도 아는 곳이라고, 가본 곳이라고 신이 나서 말했다. 어쩐지 그를

딱 봐도 '품질이 좋은' 물건들이 진열되어 있다.

으쓱하게 만들어주고 싶어 예전에 찍어뒀던 사진까지 찾아 보여주면서, "거기 유명해요!" 하며 크게 웃어 보였다.

　허울 없이 함께 웃음을 나누고 나니, 어쩐지 이 공간과 주인장에게 급속도로 애정이 생겨버렸다. 단 하나의 접점도 없을 줄 알았던 우리가 몇 개의 다리를 건너 이렇게 연결되어 있었기 때문이었다. 언젠가 나도 그의 친구를 보았을지 모른다. 그의 친구가 만든 음식을 먹으며 기뻐했을지도 모른다. 어쩌면 그도 그랬을 것이다. 이렇게 몇 다리만 건너면 만나게 되는, 우리. 우리는 조금 다른 시점에 비슷한 감정을 느꼈을지 모르는 셈, 지금 우리가 이렇게 만나 그것을 나누고 있는 것이다.

둘뿐이던 가게 안에 손님이 들어차기 시작한다. 다시 떠날 채비를 하자 그는 가까운 버스 정류장을 알려주겠다며 지도를 펴든다. 살뜰히도 여행자를 챙기는 사람. 나는 좋아하는 차이티 티백을 사들고, 몇 번이나 고맙다는 말을 전하고 가게를 빠져나왔다. 안녕, 안녕 손을 흔들며.

가브 도밍고
Garb domingo

····································

오키나와는 도자기와 유리 공예로도 유명한 섬이다. 가브 도밍고
는 오키나와 여행을 콘셉트로, 심플하고 모던한 오키나와 도자
기와 유리 공예품을 다루는 편집숍이다. 도자기, 칠기, 직물, 유리
등 전통을 계승하면서도 현대인의 생활에 꼭 맞는 젊은 예술가들
의 작품을 모았다. 전통을 이으면서 동시에 오키나와의 트렌드를
만들어가는 것이다. 가브 도밍고는 오키나와 스타일의 새로운 형
태를 제시한다. 1층은 숍, 2층은 갤러리로 구성되어 있다. 오키나와
에서 생활한다면 당장 집에 '모셔다' 두고 싶은 식기들이 많다.

주소 沖縄県那覇市壺屋1-6-3(오키나와현 나하시 쓰보야 1-6-3)

전화번호 098-988-0244

영업 시간 9:30~13:00, 15:00~19:00

휴무일 월요일, 수요일

홈페이지 www.garbdomingo.com

찾아가기 모노레일 겐초마에 역 하차, 서쪽 출구로 나가 100미터
정도 직진. 큰 사거리 왼쪽에 위치한 국제거리를 따라 400미터쯤
걷다가 1층에 로손, 2층에 스테이크 다이닝 88이 있는 건물 옆 골
목으로 들어간다. 그 길을 따라 다시 400미터 직진하면 오른편에
보인다. 카페 소이에서 찾아갈 땐 들어갔던 골목으로 다시 나오면
오른쪽 정면에 보인다.

미
무
리

오
전
☀
나
하

취
향
은
　
취
향
을
　
부
른
다

우키시마 거리를 발견한 것은 순전히 우연이었다. 제1마키시 공설 시장을 방문했을 때 여러 개의 출구 앞에서 망설이다가 처음 들어온 곳과 반대쪽 방향의 문을 골랐다. 수많은 우연이 겹쳐 열린 문, 그 문 밖에 취향이 있었다. 오래된 제과점과 나이 많은 나무, 아무렇게나 주차된 탈 것들, 소박하고 한적한 가게, 무심하게 떨어진 꽃잎, 박스를 쌓아올린 의자, 놀이터를 뛰어노는 아이들. 나는 웃었다.

그 길에 취한 듯 걷고 헤맸다. 여러 번 키득 웃었고, 여러 번 멈추어 섰다. 큰길의 사잇길의 뒷골목의 뒷골목의 뒷골목…… 그러다 그 뒷골목들이 조금 더 큰 골목길로 이어지는 것을 알아차렸다. 자그마한 편집숍들과 조도가 낮은 밥집, 미용실, 옷 가게, 전파상 같은 것들이 어깨를 나누고 늘어서 있는 길이었다. 합정동과 신사동, 연희동

미무리가 얼마나 오키나와를 사랑하는지 느끼게 하는 작품들.

이나 연남동 그것들의 분위기를 묘하게 섞어둔 길. 조용하고 소박한 길이었다. 결국 취향은 취향을 부른다. 두려워할 이유가 없다. 첫 걸음만 떼면 이렇게나 쉬운 것을.

　　미무리는 그 길 위에 있었다. 미무리는 오키나와에서 나고 자란 아티스트 '미무리'가 섬에 사는 바다 생물과 식물들을 패턴화하여 패브릭을 만드는 숍이다. 제주도를 여행하면서도 제주의 바다 생물, 해녀, 해녀가 사용하는 물건 등을 모티브로 작업하는 예술가들을 몇몇 본 적이 있다. 섬에서 가장 반짝이지만, 조금씩 사라져가는 그것들을 작품으로 남기려는 그들의 마음이 전해져와, 마음으로 몰래 그들을 응원하곤 했다. 미무리 또한 지켜내고 싶은 것일 테다. 누군가는 벌써 잊었을지 모르지만, 언제나 그곳에서 빛나고 있는 섬의 아름다움을.

　　이후로도 나는 '그 길'을 '뻔질나게' 드나들었다. 나중에 알고 보니 우키시마 거리라는 이름이 있었던 길. 그 조용하고 소박한 길의 밥집들과 가게들을 오갈 때마다, 한 가지가 유독 눈에 띄었다. 벽이나 창문 앞에 걸린 화려한 색채의 패브릭이었다. 고야와 나비아라, 동과 등 다양한 오키나와 먹거리 식물들을 패턴화한 패브릭. 미무리의 것이었다. 아마 미무리는 뒷골목 여기저기 가게마다 자신이 만든 패브릭을 선물했을 것이다. 그 선물이 오가기까지 사람들 사이에는 수많은 이야기가 오갔을 것이고, 그들은 함께 시간을 나누었을 것이다. 아마 그녀는 참 따뜻한 사람일 거라 믿어버리니, 더 좋아할 수밖에 없는 골목길 작은 가게.

미무리
MIMURI

....

오키나와 이시가키 섬 출신의 아티스트 미무리의 숍이자 공방이다. 대학에서 의류 디자인을 전공하다가 재학중 '미무리'로 활동을 시작했으며, 2011년 5월부터 우키시마 거리에 가게를 열었다. 옷감에 직접 그림을 그려 텍스타일을 디자인하고, 매트로 쓸 수 있는 패턴 패브릭과 패브릭을 활용해 만든 파우치, 지갑, 가방, 손수건 등을 판매한다. 바다 생물만 모은 패브릭, 먹거리 식물을 모은 패브릭, 꽃만 모은 패브릭 등 종류가 다양하다. 숍의 절반은 매대이지만, 절반은 작업실로 쓰이기 때문에 소품을 만드는 모습도 직접 볼 수 있다.

주소 沖縄県那覇市松尾 2-7-8(오키나와현 나하시 쓰보야 2-7-8)

전화번호 050-1122-4516

운영 시간 11:00~19:00

휴무일 목요일

홈페이지 www.mimuri.com

찾아가기 모노레일 겐초마에 역 하차, 서쪽 출구로 나가 100미터 정도 직진. 큰 사거리 왼쪽에 위치한 국제거리를 따라 400미터쯤 걷다가 1층에 로손, 2층에 스테이크 다이닝 88이 있는 건물 옆 골목으로 들어간다. 그 길을 따라 다시 200미터 직진하면 왼편에 보인다.

고양이도 쉬어가는, 작고 따스한 가게.

세
화
우
타
키

세
상
에

존
재
하
는

많
고

많
은

숲

가
운
데
서

여행자의 필수 조건(?)은 눈을 동그랗게 뜨고 성실하게 주변을 살피는 것이라 생각한다. 흐름을 놓치지 않기 위해서, 또 관찰하기 위해서. 그런데 여행이 길어지면, 스스로 여행자의 조건을 잃어버리기도 한다. 세화우타키를 찾아가던 날 나는 꼭 동네 주민 같았다. 남부 지역까지 1시간쯤 버스를 타고 갈 것을 예상하고 잠이 들어버린 것이다. 내려야 할 정거장을 놓칠까, 새로운 풍경들이 기다리고 있지 않을까 틈틈이 창밖을 내다보는 대신, 팔짱을 푹 끼고 입은 반쯤 벌린 채 푹 잤다. 부스스 깨어보니 금세 세화우타키 근처다.

세화우타키는 오키나와에서 가장 영험한 곳이라던데, 과연 좋았다. 제주의 숲, 그중에서도 사려니 숲을 떠오르게 했다. 취재차 방

문했던 터라 3일 동안 내리 제주의 숲만 걷고 돌아왔던 때였다. '숲이 거기서 거기면 어떻게 하지' 싶었던 걱정과 달리 숲은 정말 같은 곳이 하나도 없었다. 식물의 종류, 빛이 드는 정도, 잎의 빛깔, 습도, 냄새…… 그 모든 것이 달랐던 숲들. 여러 가지 요소들이 한데 모여 하나의 숲을 이루고 있었고, 그건 한 사람의 특징이나 개성을 만드는 힘과도 같았다. 사람의 얼굴 생김새가 저마다 다르고 지을 수 있는 표정이 다양하듯, 숲은 저마다의 얼굴을 가지고 있었다. 그냥 '숲'으로 단순화하여 정의할 수 있는 것이 아니라, 각각의 개성을 가진 하나의 개체, 저마다의 이름을 가진 것. 숲은 그저 식생의 집합체가 아니라, 이름을 가진 고유의 개체였다.

그 미세한 느낌의 차이는 오감을 모두 열어젖혔을 때 더욱 선명하게 다가온다. 눈으로 보거나 피부로 느끼는 것뿐만 아니라, 숲에서 느낄 수 있는 소리도 전부 다르기 때문이다. 아무것도 존재하지 않는다는 듯 고요함만이 남은 숲도 있고, 끊임없이 새소리가 울려퍼지는 숲도 있다. 사람이 많아서 발걸음 소리가 많이 나는 숲도 있다.

세화우타키는 특히 나무가 들려주는 바람 소리가 좋은 숲이었다. 담양의 죽녹원을 걸을 때처럼 '아스스' '사사사' 하며 잎이 일렁이는 소리가 들리는 숲. '스스스' '사아' 하는 소리가 들릴 때면 고개를 들어 나무 끝을 바라보게 되는 숲. 그런 곳에 서 있으면 어쩔 수 없이 영화 〈봄날은 간다〉의 유지태처럼 소리를 채집할 수밖에 없다. 아름

삼각 동굴을 지나면 쿠다카 섬이 보이는 신단이
나온다.

다움이란 본디 그처럼 사람을 어찌할 수 없게 만드는 힘이 있다.

　　가만히 서서 세화우타키가 만들어내는 소리를 녹음하기 시작
한다. 높은 곳에서 일렁이는 잎새를 향해 손을 들고 서 있자 지나가
는 이들마다 한 번씩 고개를 들어 내 손끝을 바라본다. '뭐가 있나' 하
는 마음에 쳐다보지만 그때 내가 느끼고 있는 것은 보이는 것이 아니
라 들리는 것이므로, 그들이 내가 듣는 것을 보았는지는 모르겠다. 그
저 세상에 존재하는 많고 많은 숲들 가운데서 세화우타키를 알아차
리기 위해, 몸소 숲을 겪고 있는 중이다. 느낌을 알고 기억하면 똑같
이 생긴 것도 똑같지 않게 된다. 나는 세화우타키를 겪고 있었다.

세화우타키
斎場御嶽

··

15~16세기의 류큐왕국 쇼신왕尚真王 시대의 우타키. '세화斎場'는
'최고'를 뜻하므로 '세화우타키'는 '최고의 우타키'라는 의미이다.
'우타키御嶽'는 류큐의 신앙에 있어서 제사를 지내는 장소를 의미
한다. 세화우타키는 류큐왕국에서 최고로 격식이 높은 성지였다.
인공적 건조물이 아닌 울창한 나무와 자연 그대로의 석산을, 신이
머무는 곳이라 하여 경배해왔다. 예전에는 금남 지역으로, 비록 국
왕이라 해도 여장을 해야 했다고 전해진다. 지금도 오키나와에서
가장 신성한 곳으로 여겨지는 곳이다. 류큐의 창세신 아마미키요
가 강림했다는 신화의 섬 '쿠다카 섬'의 모습도 감상할 수 있으며,
2000년 11월에 유네스코 세계문화유산으로 등록되었다.

주소 沖縄県 南城市 知念 久手堅 270-1(오키나와현 난죠시 치넨 쿠데
켄 270-1)

전화번호 098-949-1899

운영 시간 9:00~18:00(마지막 입장 17:30)

휴무일 12월 29일~1월 3일

홈페이지 okinawa-nanjo.jp/sefa/

입장료 대인 200엔, 소인 100엔

찾아가기 나하버스터미널에서 38번 버스 승차, '세화우타키 이리구치
斎場御嶽入口' 정거장에서 하차(약 1시간 소요), 버스 정류장을 등지고 길
을 건너 우체국 오른쪽 골목으로 약 350미터 올라간다. 도보 5분.

바다의 이스키아

태평양을 앞에 두고 단호박 케이크

이십대인 나에게 삶에 대한 짧은 지론이 있다면 이렇다. "오늘을 살았어도 오늘밤 사고가 나서 죽을 수도 있다. 내일은 있을지 없을지 알 수 없는 것이다." 그래서 하루만 가진 것처럼 사는 사람들을 좋아한다. 내일을 가늠하느라 오늘 누릴 수 있는 행복을 포기하는 사람이 아니라, 가진 것이 '오늘'뿐인 것처럼 웃고 맛있는 음식을 먹고 좋아하는 일에 시간을 보내는 사람. 나 역시 그런 사람이 되고 싶다. 알프레드 디 수자의 시 「사랑하라, 한 번도 상처받지 않은 것처럼」에 등장하는 '살라, 오늘이 마지막인 것처럼'이라는 구절처럼. 하고 싶은 일은 할 수 있을 때 하기, 하고 싶지 않은 일은 하지 않을 수 있을 때 하지 않기. 그저 내게 남은 생이 얼마만큼일지 알 수 없기 때문에 지금 내 앞에 있는 것들에 가장 충실하는 것이 좋지 않나 하는 마음.

처마 아래 자리에 앉으면 볕도 피하고 바다도 볼 수
있다.

우리는 정말 별의별 이유로 언제든 죽을 수 있다. 언제든 죽을
수 있기에 오늘이 마지막인 마음으로 살아야 하는 것이고, 언제 어디
서든 죽을 수 있지만 그 수많은 확률을 빗겨가 살아 세상을 느끼는
오늘에 감사해야 하는 것이다. 하루만 생각하는 사람은 외려 죽음을
기억한다. 하지만 죽음은 두려운 것이 아니라 죽지 않음의 상태를 감
사해야 하는 이유가 되어주는 근거일 뿐. 살아 있음은, 살아서 누리는
모든 것은 기쁨이 된다. 숨을 쉬고 생각할 수 있는 찰나가 모두 소중
하다.

파랗게 펼쳐진 태평양을 앞에 두고 앉아 있다. 멀리 바다에서
시원한 바람이 불어온다. 볕은 강렬하지만 나는 처마 아래 그늘에 앉

아 있다. 구아바 주스 한 입, 단호박 케이크 한 입. 번갈아 먹는다. 먹고 고개를 들면 바다, 바다를 보고 다시 한 입, 케이크 한 입, 바다 한입, 주스 한 입. 다시 케이크 한 입, 바다 한 입⋯⋯ 달콤한 반복이 끝을 모르고 이어진다. 태평양을 눈앞에 두고 한가롭게 케이크를 잘라먹으며 생각한다. 이런 호사가 또 있을까.

　　호사豪奢라는 말은 '호화롭게 사치함'이라는 뜻으로 '호사를 누리다'라는 표현으로 많이 쓰인다. 그런데 그 호화로운 사치라는 것, 그것이 무엇이냐는 말이다. 나는 늘 호사를 누리고 산다고 생각하는데, 좋아하는 밴드의 음반을 듣고 있을 때, 달콤한 핫초콜릿을 들이마실 때, 좋아하는 친구를 기다리고 있을 때, 사람이 많지 않은 조용한마을을 산책하고 있을 때, 모두 호사롭다고 느낀다. 오늘이 마지막일

수도 있는 내게 그런 기쁨이 주어진다는 사실 자체가 호사인 것이다.

　　오늘이 호사다. 끝도 없이 가도 없이 펼쳐진 태평양을 눈앞에 두고 주스 한 입, 케이크 한 입, 바다 한 입 먹는 것만 호사가 아니라 그것들을 맛볼 수 있는 오늘이 내게 주어졌다는 사실이 호사다. 그런 기쁨은 언제나, 어디에나, 누구에게나 있다. 딱 하루만 가진 사람처럼 산다면.

바다의 이스키아
海のイスキア, 우미노 이스키아

· ·

아내와 사별하고 상실감에 빠져 지내던 주인장은 1997년 '바다의 이스키아'의 활동을 시작해 가족을 잃고 고통 받는 사람들과 숙식을 함께하는 모임을 열었다. 건물의 일부는 내관 연수원으로 사용하며, 2011년 12월부터 방 하나와 마당을 개방해 '커뮤니케이션 가든 바다의 이스키아'를 오픈했다. 평범한 집이지만 마당과 넓은 태평양을 품에 안은 경치가 압권이다. 한없이 넓은 하늘과 바다를 내려다보고 앉아 말없이 달콤한 케이크와 주스를 입에 넣다보면, 지쳤던 마음이 저절로 치유되는 듯하다. 11시 30분부터 15시까지 식사 메뉴인 오키나와 가정식 요리를 주문할 수 있다. 천천히 식사를 하며 치유를 얻어가도 좋을 것이다.

주소 沖縄県 南城市 知念 久手堅 267-1(오키나와현 난죠시 치넨 쿠데겐 267-1)

전화번호 098-948-3966

운영 시간 4~10월 10:00~18:00, 11~3월 10:00~17:00

휴무일 화요일

홈페이지 uminoisukia098.blog96.fc2.com

메뉴 런치 세트ランチセット(11:30-15:00) 토마토 수프 카레トマトのスープカレー 980엔, 마늘이 올라간 닭고기ガーリックチキンのせ 980엔, 오키나와 부침개인 '히라야치ヒラヤーチ' 300엔. 아이스 커피 400엔, 과일 주스(망고, 구아바) 400엔, 수제 치즈 케이크 450엔 등

찾아가기 나하버스터미널에서 38번 버스 승차, '세화우타키 이리구치' 정거장에서 하차, 버스 정류장을 등지고 우체국 오른쪽 골목으로 약 300미터 올라가면 오른편에 위치. 혹은 세화우타키 입·출구에서 나와 다시 버스정류장 방향으로 내려가는 길, 가장 처음 등장하는 가게.

치넨 미사키 공원

바다의 발견

사면이 바다인 오키나와는 얼룩덜룩, 면마다 다른 빛깔을 가지고 있다. 나하 시내 근처의 나미노우에 비치에서 보았던 바다는 연한 하늘빛이었지만 북쪽의 나고와 츄라우미 수족관 일대의 바다는 유난히 투명한 에메럴드빛이었다. 너무나 투명해서 발을 담그면 있는 그대로의 발을 보여주던 바다. 그런데 치넨 미사키 공원에서 보는 바다는 또 달랐다. 깊이를 헤아릴 수 없는 짙은 파랑. 눈앞에 펼쳐진 것은 온통 짙푸른 빛깔의 태평양이었다.

　한국에서 바다를 보는 일은 180도로 펼쳐진 바다를 보는 것이 전부였고, 바다라 함은 또 바다를 보는 일이라 함은 그 정도의 각도를 가지고 있는 것이 당연한 줄로만 알고 살아왔다. 삼면이 바다인 나라에 살면서도, 바다는 평편한 도화지에 그린 바다처럼 납작하고

길게 뻗어 있는 것이라 믿어왔다. 살며 볼 수 있는 것이, 눈에 보이는 것이 그게 전부였기 때문이었다.

그런데 치넨 미사키 공원에서 보이는 풍경은 270도가 전부 태평양이었다. 가만히 서서 이리저리 눈알을 굴려보아도 계속 바다였다. 바다는 길게 뻗어 있는 게 아니라 넓게 퍼져 있는 거였구나. 바다란 육지에 서서 바라보는 것이 아니라 우리가 사는 육지를 동그랗게

바다를 향해 미끄러져가는 잔디 썰매를 타는 동네 사람들.

감싸고 있는 것. 눈으로 보아왔던 것보다 훨씬 더 넓고 깊은 것. 이 섬에서 진짜 바다를 발견한다.

　　태평양을 향해 불룩 솟은 치넨 미사키 공원에 선 우리들. 옆에 선 당신은 어떤 생각을 하고 있을까, 물끄러미 모르는 사람의 얼굴을 바라본다. 그의 눈에 바다가 비친다. 내 몸이 가진 척도인 '뼘'이나 '아름' 같은 것으로는 가늠조차 할 수 없는 먼 길이 그 바다에 있다. 태평양이라는 이름을 가진 멀고 깊은 물길이.

바다를 향해 선 사람들의 머리칼이 이리저리 휘날리는 틈에, 겨우 발길을 돌린다. "안녕, 바다!"

'바다'가 무엇인지 알려줄 진짜 바다가 나타났다.

치넨 미사키 공원

知念岬公園, 치넨 미사키 코엔

오키나와 남부 난죠시, 케이프 치넨 끝부분에 위치한 치넨 미사키 공원은 270도로 펼쳐진 태평양을 볼 수 있는 곳이다. 전망 시설과 산책로가 마련된 이 공원에 서 있노라면 '바다란 본디 이런 것'임을 제대로 느낄 수 있다. 멀리에는 '신들의 섬'이라 일컬어지는 쿠다카 섬(쿠다카지마)을 볼 수 있다. 아침에는 일출, 저녁에는 일몰, 밤중에는 별을 볼 수 있는 좋은 장소이기 때문에 지역 주민들 또한 많이 들른다. 바다와 공원 전체를 조망하기에는 공원에 내려가기 전 언덕에 위치한 정자에서 내려다보는 것이 훨씬 좋다.

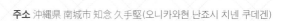

주소 沖縄県 南城市 知念 久手堅(오니카와현 난죠시 치넨 쿠데겐)

전화번호 098-948-4660

운영 시간 따로 없지만, 밤부터 새벽까지는 출입 금지

홈페이지 city.nanjo.okinawa.jp

찾아가기 나하버스터미널에서 38번 버스 승차, '세화우타키 이리구치' 정거장에서 하차(약 1시간 소요), 버스 정류장을 등지고 왼쪽으로 꺾어 휴게소 건물을 지나 쭉 길을 따라간다. '치넨 체육관' 건물 앞에 한번 더 이정표가 있는데 거기서 왼쪽으로 가면 치넨 미사키 공원이 보인다. 도보 10분.

아자마
산산
비치

그때, 우리는 시간을 나눴네

세화우타키를 향해 가는 38번 버스. 나하버스터미널에서부터 이미 버스에 타고 있던 한 남자에게 자꾸 눈길이 간다. 나 역시 미숙한 여행자이면서, 불안한 듯 계속 창밖을 내다보는 그의 모습에 마음이 쓰인다. 그는 아자마 산산 비치 입구에서 내렸다. 해수욕을 하려나.

나는 그보다 두 정거장을 더 올라가 세화우타키를 걸어보고, 태평양이 내려다보이는 카페에 들르고, 치넨 미사키 공원에 가서 바닷바람을 실컷 맞았다. 위에서만 내려다보던 태평양에 발을 담그고 싶어 두 정거장을 걸어 아자마 산산 비치로 갔다. 태평양에 발을 담그고 참방참방, 물이 살에 닿으니 다시 그가 떠올랐다. 나하에서 버스를 타고 왔으면 지금쯤 돌아가는 버스를 타러 가지 않을까?

손수건으로 발을 슥슥 닦고 버스정류장으로 갔다. 그런데, 정류
장에 정말 그가 앉아 있다. 몇 걸음 떨어진 곳에 가 앉았다. 그때 해
변에서부터 내 뒤를 쫓으며 '버스? 버스?' 하고 묻던 택시기사가 다
시 나타났다. 택시 아저씨는 표적을 둘로 바꾸어 흥정하기 시작했고
우리는 그제야 눈을 맞추고 이야기를 나누기 시작했다. 버스 편도로
830엔을 내고 이곳에 도착했던 걸 생각하면 한 사람에 1000엔씩 나
하버스터미널까지 데려다준다는 제안은 나쁘지 않았다. 혼자 택시를
타는 건 한국에서도 좋아하지 않는 일이라, 혼자였으면 그냥 거절하
고 버스를 기다렸을 것이다. 하지만 혼자가 아니었다. 눈동자가 선했
던 사람이 옆에 있다. 창밖을 살피며 내릴 정류장을 찾던 그 뒤통수
가 마음에 들었다. 우리는 택시에 올랐다.

태평양은 투명하다!

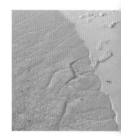

　　여행자들의 이야기는 자연스레 여행으로 흘러갔다. 일본 본토에서부터 여행을 시작해 오키나와까지 건너온 그는, 필름 카메라로 사진을 찍는 그는, 필름을 아느냐고 본 적이 있느냐고 묻더니 처음 보는 크기의 필름과 카메라를 보여주던 그는, 내가 대답 대신 가방에서 일회용 필름 카메라를 꺼내어 보여주자 크게 웃던 그는, 아자마 산산 비치에서 페리를 타고 섬에 다녀왔다는 그는, 그 바다에서 수영을 했다는 그는, 물속에서 보는 바다 생물들이 정말 아름다웠다고 말하던 그는, 해변으로 돌아오는 페리를 놓치지 않기 위해 엄청 뛰었다는 그는, 구글 지도가 없었으면 여행하기 힘들었을 거라며 웃던 그는, 직장 상사가 한국 사람이라던 그는, 오키나와를 빗겨간 태풍이 한국을 향해 가고 있다고 걱정하는 내게 일기예보는 꼭 들어맞는 게 아니

라며 긍정하던 그는, 짧은 영어로 더듬거리며 힘겹게 말을 이어가는 내 말에 끝까지 귀를 기울이던 그는, 정말 좋은 사람이었다. 그때 알았다. 뒤통수는 거짓말을 하지 않는구나.

헤어지며 그는 필름을 인화하면 스캔해서 보내주겠노라 약속했다. 착한 뒤통수를 가진 남자는 어떤 시선으로 세상을 보며 살아가는지 궁금했던 오늘, 그래서 그의 사진이 담긴 이메일을 기다리게 될 오늘 이후의 날들. 우리가 함께 나눈 시간을 문득 떠올리며 살 날들만 여행 뒤에 남았다.

한여름 밤의 해변을 상상하게 하는 시설물.

아자마 산산 비치
あざまサンサンビーチ

···

치넨 반도에 위치한 해변으로, 바다 건너편에는 쿠다카 섬이 보인
다. 아자마 해변에 있는 아자마 항구에서는 쿠다카 섬으로 가는 배
를 이용할 수 있다. 난조시 아자마 항과 쿠다카 섬 나루히토 항을
잇는 노선으로, 고속선으로는 약 15분, 페리로는 약 25분이 소요된
다. 부드러운 백사장과 잔디 광장이 있어 가족 단위의 여행자가 이
용하기에도 좋고, 바비큐 세트를 빌리고 식재료를 구입해 해변에
서의 파티를 즐길 수 있다. 해수욕뿐만 아니라 보트와 수상 스키 등
각종 해양 스포츠(1,000-3,500엔)를 즐길 수 있다. 하지만 역시
아자마 산산 비치의 가장 큰 매력을 꼽자면 유난히 투명한 바닷물
이랄까!

주소 沖縄県 南城市 知念 安座真 1141-3(오키나와현 난조시 치넨
아자마 1141-3)

전화번호 098-948-3521

운영 시간 수영 가능 시간 7~8월 10:00~19:00, 4~6월 & 9~10
월 10:00~18:00, 해수욕장 개장~3월 11:00~15:00

시설 매점, 탈의실, 코인 라커, 샤워장, 화장실, 바비큐, 파라솔
(500엔), 텐트(1,000엔), 비치 의자(500엔), 고글(300엔) 등

찾아가기 나하버스터미널에서 38번 버스를 타고 '아자마 산산 비
치 이리구치あざまサンサンビーチ入口'에서 하차(약 55분 소요). 혹은
'세화우타키 이리구치' 정류장에서 내려가는 길을 따라 10-15분 정
도 내려가면 해변 입구가 나온다.

스테이크 다이닝 88

수없이 복제될지도 몰라요、

그러나 그로 인해

여행은 흔해졌고, 많은 사람들이 자신의 여행담을 풀어놓는 시대다. 블로그를 비롯한 각종 SNS를 통해 그들의 여행은 기록된다. 키워드 몇 가지만 검색해보면 가볼 만한 곳, 먹을 만한 것이 잔뜩 나온다. 그런데 잘 살펴보면, 거기서 거기다. 같은 공간에 대한 후기가 끊임없이 반복된다. 아마 이런 과정이 있었을 것이다. 누군가가 맛있다고 글을 올린 식당 후기를 보고 또다른 여행자가 그 식당을 찾아간다. 그 여행자가 그 식당에 대한 글을 올린다. 그 글을 본 또다른 여행자가 그 식당을 찾아간다. 그 여행자가 그 식당에 대한 글을 올린다…… 이런 식으로 여행의 방식은 끊임없이 복제된다. 새로운 것을 찾아 헤매는 여행의 본질은 사라지고, 판박이 같은 여행만 남는다.

그래서 '맛집' 같은 건 믿지 않는다. 특히 여행을 할 때는 더더욱 그렇다. 우연히 발견해서 들어간 식당에서 기분좋게 또 정말 맛있게 식사를 했다면 그게 자신만의 맛집이 되는 것일 텐데, 또 설사 그 식당의 음식이 더럽게 맛이 없었다고 해도 몇 번 웃어 넘기면 그건 그만의 여행 추억이 되는 것일 텐데.

검색은 하지 않고 이런저런 공간과 만나보자, 생각하며 많이도 걸어온 나였지만, 오늘따라 유독 밥집을 찾기 위해 걷는 일이 힘에 부친다. 뒷골목을 몇 바퀴 돌았지만 마땅히 마음이 끌리는 곳을 찾지 못했다. 하루종일 돌아다니느라 이미 녹초가 되어버린 몸. 한 발짝만 더 걸으면 대충 빵 같은 것을 사서 숙소로 돌아갈 지경이었다. 그러다 문득 '스테이크 다이닝 88'이 떠올랐다. 우키시마 거리를 오갈 때

마다 보았던 그곳, 우키시마 거리를 찾아올 때 지표로 삼는 큰 식당!

　　매번 큰길 식당 대신 골목길을 헤매 찾은 식당에 다녔던 탓인지 식당에서 한국 사람을 마주친 적이 거의 없었는데, 안으로 들어서니 곳곳에서 한국 사람의 말소리가 들려온다. '혹시 누가 맛집으로 올린 집은 아니겠지?' 의심 아닌 의심을 하며 와규 덮밥을 주문한다. 걱정과 달리 음식은 기대 이상으로 '지나치게' 맛있다. 숨도 안 쉬고 밥을 들이마시다보니 순식간에 그릇 바닥이 보인다. 입안에 들어가면 사르르 녹아 사라지는 보드라운 소고기를 숟가락으로 슥슥 비벼 한 입씩 아껴 먹는다. 아끼고 아껴 먹다가 밥풀 하나 깨 한 알까지 남김없이 먹고서 나는 안심한다. 관광객이 많이 찾아가는 큰길 식당이라 해서, 만만하게 봐서는 안 되는 거구나.

살살 녹아 사라지니 천천히 음미해볼 것!

　　뜻밖에 맛 좋은 식사가 나를 다시 걷게 한다. 맛있는 한 끼에 감사해하며 사람들로 북적이는 국제거리 속으로 다시 걸음을 옮긴다. 관광객이 많은 곳이든 동네 주민이 자주 찾는 곳이든 정말 맛있는 밥집이라면 그것으로 됐다. 다시 찾아올 수 있을 때까지 많은 사람들이 찾아가는 식당이기를. 오늘의 이 기록으로 인해 스테이크 다이닝 88 또한 수없이 복제될지도 모른다. 그러나 그로 인해 그 식당이 더 오래 그 자리에 머문다면, 더없이 감사하겠다.

스테이크 다이닝 88 마쓰오점
ステーキダイニング 88 松尾店

••

2013년 11월 문을 연 스테이크 다이닝 88 마쓰오점은 오키나와 현산 소고기와 식재료로 엄선한 스테이크를 맛볼 수 있는 곳이다. 부위에 따라 1,800~4,500엔 가격대로 다양한 스테이크를 제공한다. 그 외에도 와규 소고기 스트로가노프, 이시가키 와규 소고기 덮밥, 흰 살 생선과 새우 소테 등 요리 메뉴도 있다. 와인과 맥주 메뉴도 있으며, 술과 함께 즐길 수 있는 간단한 일품 메뉴도 있으므로, 식사 후에도 여유로운 시간을 즐길 수 있다. 메뉴판 가격에 별도의 부과세가 적용된다.

주소 沖縄県 那覇市 松尾 2-5-1 松尾124区ビル 2F(오키나와현 나하시 마쓰오 2-5-1 마쓰오124구 빌딩 2층)

전화번호 098-943-8888

운영 시간 11:00~15:00, 17:00~23:00

휴무일 연중무휴

홈페이지 www.s88.co.jp

메뉴 스테이크 종류 1,800~4,500엔, 와규 소고기 스트로가노프ビーフ ストロガノフ, beef Stroganoff 1,680엔, 이시가키 와규 소고기 덮밥石垣和牛のっけ盛り# 1,980엔, 흰 살 생선과 새우 소테sauter 2,350엔, 소고기 슬라이스 카레 1,680엔 등

찾아가기 모노레일 겐초마에 역 하차, 서쪽 출구로 나가 100미터 정도 직진. 큰 사거리 왼쪽에 위치한 국제거리를 따라 400미터쯤 가면 1층에 로손, 2층에 스테이크 다이닝 88이 있는 건물이 보인다.

Tip
오키나와의 먹거리

일본 본토에서도 한참 떨어져 있는 섬인 오키나와에는 본토와는 조금 다른 식문화를 자랑한다. 고야, 우미부도우 등의 각종 채소와 해조류 그리고 이시가키 섬의 소고기가 유명하다. 미국의 영향을 받아 탄생한 타코라이스도 꼭 한번 먹어봐야 할 음식!

1) 고야ゴーヤー

오키나와를 대표하는 채소. '여주'라고도 한다. 쓴맛이 독특한데, 비타민 C가 레몬의 5배나 많기 때문이다. 열을 가해 조리해도 쓴맛은 남는다. 비타민 C뿐만 아니라 많은 영양소가 함유되어 있어 장을 건강하게 하고 혈압을 안정시켜준다. 고야를 주재료로 돼지고기, 두부, 계란 등과 함께 볶은 '고야찬푸루ゴーやチャンプル'도 인기가 많다.

2) 드래곤후루츠ドラゴンフルーツ

은은한 단맛과 산미가 어우러진 과일로 '용과'라고도 한다. 비타민과 미네랄이 풍부해서 땀을 많이 흘렸을 때 먹으면 좋고 변비 해소에도 효과가 있다. 붉은색, 노란색, 흰색 3종이 있고 오키나와에서는 붉은색 용과가 흔하다. 껍질은 손으로 벗겨 먹을 수 있을 만큼 부드럽다. 크림색 과육에는 검은깨를 닮은 씨앗이 박혀 있는데, 과육과 함께 통째로 먹을 수 있다. 8~10월경이 제철인 용과는 차게 해서 숟가락으로 떠먹으면 맛있다.

3) 우미부도우海ぶどう

예로부터 오키나와에서 귀하게 여겨진 해초. 포도송이처럼 알갱이가 달려 있는 모양 때문에 '바다의 포도'라는 이름을 갖게 됐다. 작고 투명한 녹색 방울이 입안에서 톡톡 터지는 식감이 일품이다. 미네랄이 풍부하고 칼로리가 낮은 건강식이기에 '바다의 장수초'라고 불리고, 청정 해역의 얕은 바다에서 채취되는 귀한 해초이기에 '그린 캐비아'라고 불린다. 보통은 생으로 생선회용 와사비 간장에 찍어 먹고, 해산물과 궁합이 좋아 생선회에도 많이 곁들여 먹는다. 우미부도우 덮밥, 소바, 샐러드 등으로도 먹는다.

4) 모즈쿠もずく

큰실말. 갈조류로 점성이 많고 끈적거린다. 해초에 붙어 자라는 성질 때문에 '모즈쿠(해초에 붙는)'라고 불리게 되었다. 제철은 4~6월로 일본에서 소비되는 모즈쿠의 대부분이 양식이며, 그중 약 90퍼센트가 오키나와산이다. 식물섬유, 미네랄, 철분이 풍부한 웰빙 식재료로 현지에서는 주로 식초로 초절임하여 젓가락으로 떠 마신다. 오차즈케, 된장국, 튀김이나 죽의 원료로도 쓰인다.

5) 아사アーサ

초록색이 선명하고 영양이 풍부한 해초. 바위가 많은 곳에 자란다. 초봄 간조 때 바위에 붙은 아사를 따서 아사국을 끓여 먹는다. 밥 위에 뿌려먹는 김 등으로도 가공되며, 아사지루(파래국)나 튀김으로도 조리된다. 낫토나 우동에 더하여 먹을 수 있다. 영양가가 높아 급식에도 자주 제공되며 건강식품으로서 주목을 받고 있다. 향긋한 아사 요리를 통해 오키나와 바다의 향기를 제대로 느낄 수 있다.

6) 오키나와 소바沖縄そば

밀가루로 반죽한 면에 삼겹살, 가마보코(어묵류), 파, 생강 등을 올려 먹는 음식.

7) 타코라이스タコライス

치즈, 양상추, 토마토, 고기 등을 쌀밥 위에 올린 오키나와 요리. '타코Taco'는 멕시코의 대표적인 대중 음식 중 하나로, 얇은 토르티야에 채소, 해물, 고기 등 여러 가지 요리를 넣어 살사 소스와 함께 싸서 먹는 것을 말한다. 원래는 멕시코 음식이지만 미국으로 전파되어 미국인들의 생활에서도 빼놓을 수 없는 음식으로 자리했고, 태평양 전쟁 당시 미군이 오키나와에 주둔해 있는 동안 오키나와에 전파되었다. 타코가 오키나와 스타일로 변형된 것이 타코라이스인 것이다. 가정에서 쉽게 타코라이스를 즐길 수 있도록 밀봉한 제품도 있어서 선물하기 좋다.

8) 지마미도후ジーマミ豆腐

전채요리나 디저트, 술안주에 제격인 땅콩두부(지마미도후). 땅콩을 사용한 오키나와 특유의 식품이다. 두부라고 불리지만 콩과 간수를 전혀 사용하지 않고 감자/고구마 전분에 땅콩가루를 넣어 굳혀 묵처럼 만든 요리이다. 겉모양은 푸딩처럼 아주 연해 보이지만, 찰기 있는 식감을 가지고 있다. 일반적으로 차게 만들어 달게 만든 간장소스를 곁들여 먹는다. 부드러운 맛과 고소한 풍미로 인기가 좋다.

9) 사타안다기さーたーあんだぎー

오키나와의 대표 간식. 밀가루, 계란, 설탕을 넣고 반죽해 기름에 튀긴 오키나와식 도넛이다. 검은깨와 자색고구마를 넣어 반죽한 사타안다기도 있다. 주먹만한 크기로 이동할 때 간식으로 즐기기에도 좋다.

10) 베니이모紅いも

자색고구마. 선명한 보라색이 특징인 오키나와 대표 식재료이다. 베니이모 소비량은 오키나와현의 고구마 소비량의 절반 이상을 차지한다. 9~12월경이 제철인 베니이모는 오키나와 전체에서 재배된다. 비타민 C, 칼륨, 식이섬유, 항산화 작용이 있는 폴리페놀을 포함하여 있어 케이크와 아이스크림 등의 상품과 화장품에까지 폭넓게 이용된다.

11) 오리온맥주オリオンビール

오키나와에서 가장 높은 점유율을 자랑하는 오키나와산 맥주이다. 1957년 오키나와맥주 주식회사가 설립되었고, 1959년부터 본격적인 생산이 시작되며 회사명도 오리온맥주 주식회사로 변경되었다. 오리온맥주라는 브랜드명은 오키나와 현민을 대상으로 한 신문 모집광고를 통해 공모했다고 한다. 물이 좋기로 유명한 오키나와 북부의 나고시에 공장을 두고 있다. 비교적 담백한 맛의 맥주로 습기가 많은 오키나와에서 마시기에 좋다.

12) 이시가키규石垣牛

일본 최남단 섬인 '이시가키지마'에서 키운 소고기이다. 이시가키 소의 원산지인 이시가키 섬은 넓고 푸른 목초지를 자랑하며 기후가 온난해 서식지로 적합한 조건을 가지고 있다. 쿠로게와규의 송아지를 타 지역으로 출하하지 않고 온전히 이시가키 섬에서 사육한 소가 바로 이시가키 소이다. 유통량이 적고 가격이 비싼 고급 소고기이다.

뚜벅이 여행자를 위한

북부 나들이

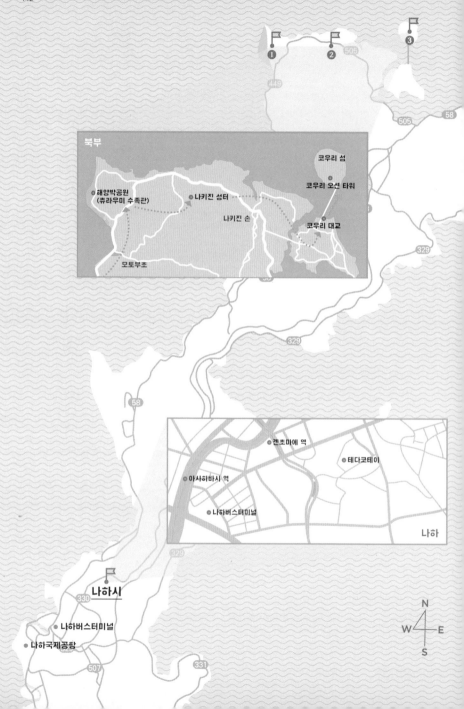

북부

해양박공원
(츄라우미 수족관)

나키진 성터

코우리 섬

코우리 오션 타워

나키진 손

코우리 대교

모토부초

겐초마에 역

테다코테이

아사히바시 역

나하버스터미널

나하

나하시

나하버스터미널

나하국제공항

N
W E
S

렌터카 없이 오키나와를 여행하는 것에 가장 큰 단점이 있다면, 나하를 기점으로 북부 지역에 접근성이 떨어진다는 점일 것이다. 버스로 오키나와 북부를 여행하려면 나하버스터미널에서 북부에 위치한 나고버스터미널까지 이동한 후, 다시 나고버스터미널에서 목적지까지 향하는 버스를 이용해야 한다. 갈아타는 일이 수고롭기도 하고 시간도 꽤 많이 소요된다. 때문에 뚜벅이 여행자는 나하, 중부와 남부를 위주로 여행하게 되는데, 북부 지역을 자유롭게 가지 못하는 아쉬움을 달래주는 것이 있다. 바로 버스 투어다. 버스 회사에서 운영하고 있는 버스 투어 프로그램에는 북부 투어, 남부 투어, 중부+북부 투어 등 다양한 코스가 마련되어 있다. 나하버스터미널 사무실에서 예매가 가능하다. '~투어'라는 것에 마냥 거부감을 갖는 이도 있겠지만, 해당 장소에 도착한 후에는 개별 활동이기 때문에 시간을 자유롭게 쓸 수 있으니 안심해도 좋다. 3일차 일정은 다른 날보다 조금 일찍 일어나 나하버스터미널로 가자. 뚜벅이 여행자를 위한 북부 나들이가 시작된다.

시간	위치	장소	이동 방법
오전	(이동)	모노레일	모노레일을 타고 아사히바시 역 하차.
	나하	나하버스터미널	
	(이동)	버스	투어 버스를 타고 이동.
	북부	해양박공원 & 오키짱 극장 & 츄라우미 수족관 & 터틀 해변	
점심식사	북부	해양박공원 내에서 해결	
오후	북부	나키진 성터	
	북부	코우리 대교 & 코우리 오션 타워	
	(이동)	버스	투어 버스를 타고 이동.
	(이동)	모노레일	모노레일 아사히바시 역에서 겐초마에 역으로 이동(10분 미만 소요).
저녁식사	나하	테다코테이	

나하버스터미널

여행자는 여행자를 위로한다。

그리고……

북부 지역 여행을 위해 버스 투어를 예매했다. 다른 날보다 일찍 일어나 나하버스터미널에 도착했다. 나하버스사 사무실에 들어가니 함께 투어를 하게 될 다른 여행자들이 몇몇 자리에 앉아 있다. 주위를 둘러보며 얼른 그들을 살펴본다. 몇은 일본 사람이고 몇은 외국인 여행자. 방금 전에도 보았던 것 같은데 몇 분 만에 다시 지도를 꺼내어 드는 손길. 저이도 여행자구나.

낯선 길에 처음 발을 디디고 길을 헤맬 때, 가장 큰 위로가 되는 것은 다른 여행자의 존재다. 조금은 흔들리는 눈동자, 조금은 어수선한 몸짓, 종종 별것도 아닌 일로 미소를 짓는 사람들. 함께 새로운 세상에 던져진 그들을 길 위에서 발견할 때면, 여행자는 조금 안심이 된다. 혼자가 아니라는 사실. 그래서 이따금 조금 천천히 걸어보기도

더 빨리 걸어보기도 하면서 그들과 발걸음을 맞추어본다. 그들의 그
림자를 벗삼아 걸어보는 것이다. 낯선 길 위에 있다는 그 동질감이
곁을 떠나기 전까지, 나란히 걸어본다. 여행자는 여행자를 위로한다.

그리고…… 낯선 길에 처음 발을 디디고 길을 헤맬 때, 동네 꼬
마도 여행자를 위로한다. 아이들은 천진난만하게 여행자를 본다. 그
애들은 외국인이 그저 신기하다. 꼬마들은 가끔 저들끼리 키득키득
웃다가 외국인을 향해 "헬로" 하고 뜬금없는 인사를 날린다. 여행자
란 그 애들에게도 새로운 세상이다. 여행자가 신기해하고 두려워하
며 한 발 한 발 내딛을 때, 꼬마들도 여행자를 향해 시선을 던진다. 여
행자를 향해 한 발 한 발 걸음을 내딛는다. 조금의 예의도 거리낌도

플랫폼이 세분화되어 나뉘어 있으니 모를 땐 창구에 물어보자!

없는 시선, 걸음. 그 절차 없음과 격식 없음이 여행자의 긴장감을 내려놓게 만든다. 동네 꼬마들에겐 나쁜 의도가 없다. 그저 궁금해서 탐색할 뿐. 여행을 시작할 뿐. 우리는 서로에게 새로운 세계다.

　　혼자서 오키나와를 버스와 모노레일, 자전거, 도보만으로 여행하며 정류장에 앉아 기다리는 시간도 많았다. 그러나 그 시간 동안 지치지 않을 수 있었던 것은 거꾸로 내가 혼자가 아니었기 때문이었는지도 모른다. 곁에는 항상 여행자가 있었고, 동네 꼬마들이 있었다. 낯선 길 위에서 혼자가 아니라는 위로, 당신에게는 내가 새로운 세계일 거라는 위로. 여행자 그리고 동네 꼬마가 주는 위로.

Tip
나하버스터미널, 버스 투어 예매하기

오키나와에서 버스를 이용할 때는 나하버스터미널那覇バスターミナル에서 탑승하는 것이 가장 편리하다. 오키나와 북부, 중부, 남부로 향하는 수많은 버스들의 기점이기도 하고, 기점이 아니더라도 거의 모든 버스가 나하버스터미널을 경유해 가기 때문이다(다만, 오키나와 북부의 노선들은 대부분 나하버스터미널에서 나고버스터미널로 간 후 환승하여 이용이 가능하다).

① 찾아가기
모노레일 아사히바시 역에 하차하여 동쪽 출구東口로 나간다. 오른쪽으로 육교를 통해 길게 돌아가는 방법도 있고, 왼쪽 계단으로 내려가 지상으로 길을 건너는 방법도 있다. 터미널 사무실에 가서 이용할 버스에 대해 묻는다면 조금 더 멀지만 육교를 통해 돌아가는 편이 사무실에 가깝고, 이용할 버스 번호를 알고 있다면 바로 왼쪽 계단으로 내려가 바로 승강장으로 가는 것이 더 편리하다.

② 이용 방법
기역자 승강장에 버스가 오간다. 터미널 사무실 건물 왼쪽 끝에 위치한 오키나와 버스 사무실에 가면 오키나와 전도에 표시된 버스 노선도를 받을 수 있다. 버스 승강장 번호와 버스 번호를 확인한 후 이용한다.

* 목적지까지 가는 버스 번호를 알기 어려운 경우, 터미널 사무실 창구에 물어보면 버스 시간표를 챙겨주며 버스 승강장 번호, 버스 번호 등을 자세하고 친절하게 알려준다.

** 일본어를 전혀 하지 못 한다면, 메모지에 목적지의 이름을 적고 방문 순서를 그려 보여주는 식으로 질문을 대신할 수 있다.

③ 버스 투어
모노레일과 노선버스만으로 원하는 목적지에 닿기 복잡한 경우라면, 버스 투어를 이용해보는 것도 좋다. 투어이긴 하지만 가이드가 모든 장소에 따라다니며 설명하는 방식이 아니고, 각 목적지에 도착하면 각자 자유롭게 여행하고 정해진 시간까지 버스에 탑승하면 되기 때문에 보고 듣고 느끼는 모든 과정에 제한이 없어 좋다.

오키나와 버스沖縄バス, 나하버스那覇バス, 라도 관광ラド観光 등 여러 회사에서 운영하는 버스 투어가 있지만, 일정 구성을 따져보니 나하버스사의 버스투어가 가장 알차다고 판단되어, 실제로 이용해보고 정보를 모아보았다.

(주)나하버스

주소 沖繩県 那覇市 泉崎 1-20-1, Naha Bus Terminal 1F(오키나와현 나하시 이즈미자키

1-20-1, 나하버스터미널 1층)

전화번호 098-868-3750

사무실 운영 시간 7:00~18:00(토~일요일, 공휴일은 17:00까지)

① 예약하기

나하버스터미널 사무실 동, 왼쪽에서 두번째 구역이 나하버스사의 사무실이다. 간단한 영어 회화를 할 수 있는 직원이 있다. 이용하고 싶은 투어 이름과 날짜 등을 직원에게 이야기하면, 예약 장부를 내어준다. 이름과 현지에서 사용하는 전화번호를 기록하면 예약 완료. 투어 비용은 투어 당일 아침에 챙겨와 지불하면 된다.

② 프로그램 미리보기

⑤ A코스

– 출발 시간 9:00, 소요 시간 7시간 30분

– 요금 4,900엔(점심식사 포함, 소인 3,100엔)

– 나하버스터미널 → 슈리 성(정전 입장 요금 별도) → 구해군사령부호 → 히메유리의 탑(점심식사) → 평화기원공원(오키나와 전적지 국정 공원) → 오키나와 월드 → 나하버스터미널

⑤ B코스

♀ 출발 시간 8:00, 소요 시간 9시간

♀ 요금 4,800엔(소인 2,400엔)

♀ 나하버스터미널 → 츄라우미 수족관 → 나고파인애플파크 → 숲의 유리관 → 나하버스터미널

⑤ C코스

♀ 출발 시간 8:45, 소요 시간 10시간 15분

♀ 요금 5,500엔(점심식사 포함, 소인 3,300엔)

♀ 나하버스터미널 → 류큐무라(입장 요금 별도) → 만좌모 → 오카시고텐(점심식사) → 츄라우미 수족관(입장 요금 별도) → 오키나와 후르츠 랜드(짝수날) / 나고 파인애플 파크(홀수날) → 나하버스터미널

⑤ D코스

♀ 출발 시간 8:30, 소요 시간 9시간 45분

♀ 요금 5,800엔(소인 3,100엔)

♀ 나하버스터미널 → 츄라우미 수족관 → 나키진 성터 → 코우리 대교 → 코우리 오션 타워(코우리섬) → 나하버스터미널

Tip
오키나와 버스 이용법

···

① 1~6번, 9번, 11~17번 버스

♀ 대인 220엔, 소인(12세 미만) 110엔으로 운임이 균일한 버스

♀ 앞문으로 승차하면서 바로 운임함에 운임을 넣는다.

♀ 하차할 버스정류장의 안내방송이 나오면 버튼을 누른다.

♀ 버스가 정차하면 뒷문으로 하차한다.

② 7번, 8번, 10번, 그 외의 버스

♀ 거리에 따라 요금이 달라지는 버스

♀ 앞문으로 승차하면서 입구 쪽에 있는 정리권 발행기에서 정리권을 뽑는다(7, 8, 10번 버스는 뒷문으로 승차).

♀ 하차할 버스정류장의 안내방송이 나오면 버튼을 누른다.

♀ 버스 앞쪽 위에 설치된 운임표시기를 보고, 자신의 정리권에 적힌 번화와 동일한 번호 칸에 해당하는 요금을 준비한다.

♀ 버스가 정차하면 정리권과 요금을 함께 운임함에 넣는다.

♀ 앞문으로 하차한다.

* 정리권과 운임을 넣을 때는 거스름돈 없이 정해진 운임만큼 넣어야 한다. 그 이상의 금액을 넣더라도 거스름돈을 주지 않기 때문이다. 때문에 해당하는 운임만큼의 잔돈이 없는 경우, 운임함 앞쪽 동전 교환 투입구에 1,000엔짜리 지폐를 넣어 동전으로 교환하여 사용해야 한다. 교환기에 지폐는 1,000엔짜리만 투입이 가능하며 500엔, 100엔, 50엔, 10엔짜리로 섞여 바뀌어 나온다. 그 동전으로 다시 요금을 내면 된다.

해양박공원 & 오키쨩 극장 &
츄라우미 수족관 & 터틀 해변

진짜 바다는 어디로 갔을까

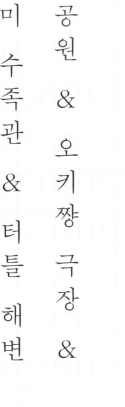

나하버스터미널에서 예매해두었던 버스 투어를 떠나는 날. 버스 투어 D로 오키나와 북부 지역에 가볼 작정이다. 오키나와는 은근히 크기가 큰 섬이라, 오키나와 중남부에 위치한 나하 시내에서 북부 지역까지는 3시간 20분 정도가 걸린다. 멀리까지 가는 일정인 만큼 투어 일정도 조금 일찍 시작된다.

　　비수기 평일의 버스 투어는 한산한 편이라 짝궁 없이 혼자 앉아 여행을 시작한다. 아침식사 삼아 빵도 먹고, 창밖도 구경하고, 책도 읽고, 잠도 잔다. 문득 깨어보니 창밖으로 바다가 보인다. 가도 가도, 가도 가도 바다뿐이다. 나고시에 들어서면서부터 창밖은 계속 바다다. 이렇게 길고 긴 바다는 처음 본다. 김소월 시인의 '가도 가도 왕십리'처럼 가도 가도 바다. 짙푸른 바다가 이어지니 어쩐지 슬프고 또

사뭇, 두렵다.

　　해양박공원에 도착했다. 하루에 4번, 그중에서 11시에 시작하는 돌고래 쇼를 보기 위해 오키쨩 극장으로 먼저 향했다. 해양박물관에 속해 있는 츄라우미 수족관과 오키쨩 극장은 예능 프로그램에서 소개됐던 곳이라 그런지, 오키나와에 오기 전부터 이야기를 많이 들었던 곳이었다. 허나 어디에서나 쉽게 볼 수 있는 돌고래 쇼. 돌고래가 박수를 치고 꼬리를 흔들고, 점프를 하는 과정의 연속. 그 행위들을 성공할 때마다 사람들이 기뻐하고 박수를 치고, 조련사가 먹이를 준다. 사는 일이 저렇게 고단할 수 있을까 싶어 울컥한다. 거꾸로 상상하다보니 더 잔혹하다. 인간보다 약간 더 지능이 높은 생명체가 같은 지구에 살면서, 인간을 (좁은) 박물관에 가두고, (치사하게 먹는

걸로) 조련하고, (이 또한 또 치사하게 먹는 걸로) 보상한다고 생각하면, 정말 끔찍하다. 츄라우미 수족관을 보면서도 비슷한 감정에 휩싸였다. 세계에서 최대급 수족관이라고도 하고, 사진으로 보았던 풍경이 인상적이기도 했지만, 오키쨩 극장에서 들었던 마음이 떠나가질 않았다. 엄청난 규모를 자랑하는 '흑조의 바다' 또한 수많은 바다 생물체가 거대한 수족관 안에 갇혀 있는 풍경으로밖에 보이지 않았던 것이다. 인간의 시선에서야 세계에서 손꼽을 만큼 큰 수족관일지 몰라도, 거대한 고래들에게 그 수족관을 얼마나 좁을까? 그들은 아마 많은 것을 견디고, 참아주고 있을 것이다.

그들도 매일 헤엄을 치고 느끼고 있을 테니 말이다. "진짜 바다는 어디로 갔을까?" 하고.

해양박공원

海洋博公園, 카이요하쿠코엔

··

1975년에 개최했던 '오키나와 국제 해양 엑스포'에 쓰였던 해양박
람회장을 활용하여 만든 테마파크이다. 2002년에 개장해 현재는
다양한 이벤트가 개최되어 오키나와 북부의 관광 거점으로 역할을
하고 있다. 공원 내에는 열대 드림 센터, 해양 문화관, 열대 · 아열
대 도시녹화식물원, 오키짱 극장, 츄라우미 수족관, 오키나와 향토
마을 및 오모로 수목원, 에메럴드 비치 등 다수의 시설이 있다. 나
하버스사의 버스 투어 D의 일부로 딱 3시간 이 조금 안 되는 시간
동안 해양박공원에 머물렀지만, 조금 짧은 감이 있었다. 해양박공
원에서 좀더 시간을 보내고 싶다면 일명 '츄라우미 수족관 만끽 코
스'인 버스 투어 B를 선택해도 좋을 것이다.

주소 沖縄県 国頭郡 本部町 石川 424(오키나와현 쿠니가미군 모
토부초 이시카와 424)

전화번호 098-048-2741

운영 시간 열대 드림 센터, 해양문화관, 열대 · 아열대 도시녹화
식물원, 오키나와 향토마을 10~2월 08:30~17:30(마지막 입장
17:00), 3~9월 08:30~19:00(마지막 입장 18:30), 츄라우미 수
족관은 아래에 별도 정보

휴무일 12월 첫째 주 수~목요일(해양박공원 전체 휴무)

홈페이지 oki-park.jp/kaiyohaku

입장료 공원 입장은 무료이며, 열대 드림 센터 대인 690엔, 소인
350엔, 해양문화관 대인 170엔, 소인 50엔, 츄라우미 수족관은
뒷장에 별도 정보

오키짱 극장

オキちゃん劇場, 오키짱 게키죠

오키나와 8경 중 하나인 이에 섬(伊江島, 이에지마)을 배경으로 만들어
진 돌고래 쇼 전용 야외극장. 해양박공원에 입장한 사람은 공연을
무료로 볼 수 있다. 해양박공원 정문(중문)에서 종합안내소 앞에
이어진 계단을 따라 바다를 향해 쭉 내려가면 오른편에 위치한다.
츄라우미 수족관 출구에서 나와 찾아간다면 산책로를 따라 왼쪽으
로 걸어가면 극장이 보인다.

운영 시간 돌고래 쇼 11:00, 13:00, 14:30, 16:00 (15-20분간
진행, 3~9월에는 18:00 공연도 있음) / 다이버 쇼 11:50, 13:50,
15:30 (15분간 진행, 3~9월에는 17:30 공연도 있음)
휴무일 12월 첫째 주 수~목요일
입장료 무료

츄라우미 수족관
美ら海水族館, 츄라우미 스이조쿠칸

세계 최대급 수족관이라는 명성을 가진 곳. 3층 로비에서 입장하여 4층부터 1층까지 내려가며 전시를 볼 수 있다. 산호의 바다, 열대어의 바다, 흑조의 바다, 심해 등 구역으로 구성되어 있는데, 자연광이 비치고 고래상어와 쥐가오리 등 거대 바다 생물이 헤엄치는 대형 수조인 '흑조의 바다(黑潮の海, 쿠로시오노 우미)'가 가장 인기가 많다. 세계 최대의 아크릴 패널acrylic pillar로 만들어진 이 수조는 길이 22.5미터, 높이 8.2미터, 두께는 약 60센티미터(603밀리미터)로 약 7,500톤의 수압을 견딘다.

'흑조의 바다' 외에도 불가사리와 해삼 등 바다 생물을 직접 만져볼 수 있는 '이노*의 생활', 아주 깊은 바다의 환경을 재현한 '심해탐험의 방' 등도 흥미롭다. 관람을 마치면 출구가 어디인지 당황할 수 있는데, 그냥 기념품 매장을 통과해 나오면 된다. 하지만 다양한 바다 생물들로 만들어진 기념품들을 눈앞에 두고 그냥 매장을 지나쳐 나오기는 결코 쉽지 않은 일! 지갑이 홀쭉해져서 나오는 수족관이다.

전화번호 098-048-3748

운영 시간 10~2월 8:30~18:30(마지막 입장 17:30), 3~9월 8:30~20:00(마지막 입장 19:00)

휴무일 12월 첫째 주 수~목요일

홈페이지 oki-churaumi.jp

입장료 08:30~16:00 대인 1,850엔, 학생 1,230엔, 소인 610엔, 16:00~폐관 대인 1,290엔, 학생 860엔, 소인 410엔(버스 투어 B 와 D 요금에는 츄라우미 수족관 입장료가 포함되어 있다.)

*이노イノ~: 산호초로 둘러싸인 얕은 바다를 뜻하는 오키나와 방언

159

터틀 해변
亀の浜, 카메노 하마

··

·오키장 극장과 츄라우미 수족관 중간쯤에 있는 매너티관マナテ
ィ―館 옆 산책로를 따라 내려가면 작은 해변 '터틀 해변'을 만
날 수 있다. 이 해변은 오키짱 극장이나 츄라우미 수족관보다
훨씬 기억에 남는 곳이었다. 그야말로 '투명하다'는 말이 무
엇인지를 보여주는 투명한 바닷물, 산호가 부서져서 만들어진
해변은 눈이 부시다. 투명한 바다 멀리 이에 섬이 보이는 풍경
도 그만이다. 커다란 바위 그늘 아래에 앉아, 수천 수만 가지의
모양으로 조각이 난 산호 조각들을 모아 글자를 만드는 일도
색다른 추억으로 남을 것이다.

+ 오전부터 점심 무렵까지 해양박공원에서 시간을
보내는 버스 투어는 점심식사를 제공하지 않는다.
때문에 관람중 해양박공원 내에서 개별적으로 식사
를 해결해야 한다. 오키짱 극장과 츄라우미 수족관
중간쯤 요깃거리를 파는 매점이 있고, 중앙 입구에
위치한 종합안내소에도 카페가 있다. 츄라우미 수
족관 4층에는 레스토랑(무료 구역)이, 1층 흑조의
바다 대수조 바로 옆에는 카페(유료 구역)가 있다.
하지만 츄라우미 수족관 내에는 이용 객이 많아 붐
비기 때문에 사전에 빵이나 음료 등 도시락을 준비
해 와서 야외에 앉아 먹는 것도 좋은 방법이다.

휴무일 12월 첫째 주 수~목요일
입장료 무료

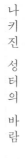

나키진 성터

나키진 성터의 바람

나키진 성터에 도착했을 땐 이미 한낮이었다. 머리끝에 걸린 태양이
발광하는 시간. 하마터면 "저는 그냥 여긴 안 가고, (에어컨이 빵빵하
게 나오는) 버스에 남아 있을게요" 하고 말할 뻔했다. 그러나 그 성터
에 올라가지 않았다면 어땠을까. 오키나와에 대한 인상을 조금 흔들
어놓았던 바로 그곳에. 마음을 뒤흔든 바람을 맞았던 그곳에.

　　해양박공원에서 나키진 성터로 이동하는 시간은 버스로 15분
남짓. 버스에서 잠깐 에어컨 맛을 봤던 탓인지, 나키진 성터를 오르는
짧은 경사길이 유난히 벅차게 느껴졌다. 언덕을 오르며 '이 길 끝에
뭐가 있을까?' 하고 의심하기 시작할 때쯤 꼭대기에 도착했다. 거기
에 바람이 있었다.

'파다다' 하고 뺨을 스치는 바람은 바닷바람과는 다른 종류의
것이라 조금 더 가볍고 매끄러웠다. 우리 섬 제주에도 바람이 참 많
다지만 오키나와의 바람도 만만치 않다. 어딜 가든 바람 참 많다. 그
런데 어쩐지 바다에서 오는 바람 같지가 않다. 멀리 태평양에서부터
불어오는 오키나와의 바람은, 참 개운한 바람이다. 짠 냄새를 무겁게

신기보다는 가볍고 상쾌한 바다 냄새를 가득 담은 바람. 그 바람에 반하지 않을 수가 없었다. 오키나와에 살면 좋겠다는 생각을 하게 된 것도 어쩌면 '바람'이 부는 바람이었는지도 모른다. 따사로운 볕 때문에 괴로워할 때면 언제나 어디선가 바람이 불어왔다. 한낮의 열기를 잊게 하는 바람, 눈을 감고 가만히 맞고 싶은 바람.

힘들지만 오르내려보면 새롭게 보이는 성터.

제주도에 온 착각을 일으키는 돌담.

　　그 언덕에 서서 만약 오키나와에서 가게를 하게 된다면(?) 이름은 '나키진 성의 바람'으로 붙이겠노라 결심해본다. 그런 이름의 가게에서 무얼 해야 할지는 잘 모르겠지만. 상상 속의 나는 어느덧 작은 밥집의 주인이 된다. 메뉴는 단 하나 '집 밥'뿐, 집에서 먹는 것 같은 요리를 내어주는 밥집의 말 없는 주인장. 잠만 자고 일어났을 뿐인데, 의자에 앉아 일을 했을 뿐인데 어찌 그렇게 배는 꼬박꼬박 고파오는지, 따끈한 밥이 간절한 사람들을 위한 한 끼. 가게에 들어서서 "밥 주세요" 하면 따끈한 밥에 간이 조금 심심한 반찬 몇 가지를 담아주는 그런 가게. 끼니때를 놓치고 하루를 바삐 보낸 사람들을 위한 따뜻한 밥집. 특별할 것 없는 집 밥 같은 것. 모락모락 김이 피어나는. 엄마가 지어준 밥 같은 것. 오키나와에 딱 어울리는데.

여기서도 역시 바다가 내려다보인다.

나키진 성터

나키진 성터
今帰仁城跡, 나키진죠아토

··

과거 오키나와에는 북산, 중산, 남산의 세 지역으로 나뉘어 각각
다른 세력이 지배하던 시기가 있었다. 북산은 나키진 성今帰仁城을
중심으로 북부 지역을 지배하며 중국과 활발한 교역을 펼쳤지만,
1416년에 중산을 지배하던 쇼하시尚巴志가 삼산을 통일시켜 류큐왕
국을 만들면서 멸망했다. 성벽의 길이는 약 1.5킬로미터, 높이는 가
장 높은 곳이 8미터나 되고, 성 전체의 규모로서는 슈리 성 다음으
로 크다. 오늘날에는 나키진 성의 성터만 남아 있다. 나키진 성은
2000년에 유네스코 세계문화유산에 등재된 곳 중 하나이다.

주소 沖縄県 国頭郡 今帰仁村 今泊 5101(오키나와현 구니가미군
나키진손 이마도마리 5101)

전화번호 098-056-4400

운영 시간 8:00~18:00

휴무일 연중무휴

홈페이지 nakijinjo.jp

입장료 대인 400엔, 학생 300엔

코우리 대교 & 코우리 오션 타워

조개껍데기, 그것은

여행의 흔적을 남기려고 이것저것 주워올 때가 있다. 가을 숲에 다녀온 뒤엔 챙겨갔던 책장 사이사이마다 색이 고운 낙엽들이, 해변을 걷고 돌아온 뒤에는 주머니 가득 형형색색의 조개껍데기가. 그러나 어찌된 일인지 그것들은 제자리에 있을 때만큼 아름다운 적이 없었다. 금세 생기를 잃었고, 빛깔은 점점 흐릿해졌다.

제주도 바닷가에서 커다란 조개껍데기를 주운 적이 있다. 주울 땐 예쁘다는 생각뿐이었는데, 돌아오는 길에 다시 보니 문득 섬뜩했다. 조개껍데기는 결국 바다 생물의 집이었고, 그것들의 집을 갖게 된다는 것은 이미 그 집에 살던 생물들이 모두 죽었다는 것을 의미하는 것이 아닌가. '조개껍데기를 모은다'는 말은 예뻤지만, '죽은 생물들의 집을 모은다'는 말은 아무래도 유쾌하지 않았다. 나는 조개껍데기

가 무서워져 다시 바닷가로 가 내려놓고 돌아왔다.

2킬로미터에 달하는 다리를 건너 코우리 섬으로 간다. 코우리 섬
에 있는 '코우리 오션 타워'에는 수많은 조개껍데기가 전시되어 있다.
그것들은 어쩐지 바닷가에서 쉽게 볼 수 있는 것이라는 생각이 들어
'이런 식으로라면 박물관을 만들어내는 것도 꽤 쉽잖아?' 하고 생각해
버리고 말았다. 하지만 추상화를 관람하는 관객이 아무리 '이런 건 나
도 그릴 수 있겠는데?'라고 말을 할지언정 그런 그림을 그려낼 수 없
듯, 코우리 오션 타워의 조개껍데기 아카이빙은 누구나 쉽게 흉내낼
수 있는 것이 아닐 테다. 조개들을 종별로 분류하고 색과 모양, 학명
등으로 나누어 조개껍데기를 나누어놓은 정성이 실로 대단하다.

　　그것들을 보며 내가 바닷가에서 주워왔던, 그래서 지금은 서랍
속 작은 상자에 담겨 있는 조개껍데기를 떠올려본다. 열심히 주웠다
가 바닷가에 살포시 내려두고 왔던 것들도, 애지중지 챙겨와놓고 집
에 와서는 얼마 지나지 않아 쓰레기통에 넣어버렸던 것들도 모두 떠
올랐다. 내게 쉬웠든 어려웠든 귀했든 귀하지 않았든, 그것들이 바다
생물들의 집이었다. 그것들이 한 생명을 품에 품었고, 살게 했고, 내
일을 기다리게 했다. 조개껍데기, 그것은 소중한 내일을 잉태하는 자
궁 같은 것, 여린 것들의 삶을 끊어지지 않도록 도왔던 인큐베이터
같은 것, 지친 하루의 끝에 몸을 기대고 싶었던 집 같은 것. 코우리 섬
에서 보았던 그 귀한 생명의 '집'을, 다시 마주하게 된다면 '고맙습니
다' 하고 슬며시 이야기해보고 싶은 그것.

코우리 대교

古宇利大橋, 코우리 오하시

코우리 대교는 코우리 섬과 야가지 섬을 잇는 총 길이 2,020미터의 다리로 2005년 2월에 개통했다. 최근 한 드라마에서 2킬로미터에 달하는 다리를 오픈카를 타고 시원하게 달리는 장면을 통해 비추어져 보는 이의 마음까지 뻥 뚫리게 했던 다리이다. 하지만 바다 한가운데를 가로지르는 시원함을 느낄 수 있는 것은 하늘에서 내려다보는 카메라의 시선일 뿐이라 정작 다리를 건널 때는 별 감흥이 없을지도 모른다.

코우리 오션 타워에서 내려다보는 코우리 대교.

코우리 오션 타워
古宇利オーシャンタワー

· ·

코우리 섬(古宇利島, 코우리지마)은 여행 안내서에서는 흔히 '별다른 볼 거리는 없으니 섬을 드라이브하고 나오는 것으로 충분하다'고 표 현되곤 하는데, 그 말에 발끈한 듯 최근 변신을 꾀하고 있다. 여행 자에게 볼거리를 제공하는 '코우리 오션 타워'가 생긴 것이다. 타 워 1층에는 조개 박물관이 있어 다양한 종의 조개들을 관찰할 수 있 고, 2~3층 전망대에서는 코우리 섬과 코우리 대교를 한눈에 내려 다볼 수 있다.

주소 沖縄県 国頭郡 今帰仁村 古宇利 538(오키나와현 구니가미 군 나키진손 코우리 538)

전화번호 098-056-1616

운영 시간 09:00~18:00

휴무일 연중무휴

홈페이지 www.kouri-oceantower.com

입장료 대인 800엔, 학생 600엔, 소인 300엔

테다코테이

보이는 것에서 생기는 편견,

그것을 깨는 일

버스 투어 출발 시간에 늦지 않으려 서두르다보니 아침도 빵으로 때웠고, 터틀 해변에서 정신없이 놀다보니 점심때도 놓쳐버렸다. 오늘 하루 끼니에 저녁만이 남았다. 그렇다면 더더욱 분위기 좋고 맛 좋은 식당에서 제대로 먹어야지! 버스에서 내리자마자 국제거리 뒷골목, 우키시마 거리로 향한다. 그간 오가며 눈여겨 봐둔 식당이 있다.

아뿔싸. 문이 닫혀 있다. 여섯시 반이 넘었는데 닫혀 있는 것을 보니 어쩐지 준비 시간이라 닫은 건 아닌 듯하다. 아무래도 쉬는 날인가보다. 아쉬움을 뒤로한 채, 다시 식당을 찾는다. 국제거리 큰길로 나가볼까 하다가, 그래도 관광객이 북적이는 큰길 식당은 가고 싶지 않아 마음을 고쳐먹었다. 힘든 몸을 이끌고 또 골목길을 걷는다.

골목에 있는 한 식당 문을 열었다. 그런데 아뿔싸, 웬 나이든 아주머니 주인장과 이것저것 아무렇게나 가져다놓은 듯한 조잡한 인테리어. 왠지 망했구나, 싶었다. 그런데 앉아서 '이것저것 아무렇게나 가져다놓은 듯한' 것들을 찬찬히 둘러보고, 메뉴판도 읽어보고, 주인장에게 주문도 해보니 괜한 편견이었음을 알게 됐다. 테다코테이의 주인장인 아주머니는 1999년부터 이 골목에서 식당을 했다. 5년도 10년도 아닌 15년이다. 15년이 넘는 시간 동안 한 자리에서 동네 주민들과 여행자들을 위한 밥을 만들었던 것이다. 15년 전 취향이니 조금 촌스러울 수도 있고, 15년간의 세월이 쌓였으니 이것저것 아무렇게나 가져다놓은 것 같을 수도 있다. 그러나 맛은 어떤가. 15년을 만들어온 요리 실력. 멋지지 않은가.

　　밥을 먹는 사이에도 딱 봐도 동네 주민 같은 사람들이 테다코테이를 찾아왔다. 그래서 더 믿음이 갔던 곳. 동네 사람이 자주 찾는 맛있는 밥집. 물론 맛있었다. 오키나와 호박과 두툼한 베이컨이 곁들여진 크림치즈 파스타. 국물까지 남기지 않고 싹싹 긁어 먹었다.

　　여행의 묘미는 이런 데 있다. 한국 사람으로 배워온 것들, 1980년대생으로 경험해온 것들이 만들어온 '편견'을 마주하고 발견하고, 또 와장창 깨버리는 일. 눈으로 보고 판단할 수 있는 것이 전부가 아니라는 것. 보이는 것에서 생기는 편견을 깨버리는 일. 촌스러움 속에 담긴 궁극의 세월 그리고 맛! 15년 된 골목 식당, 오해해서 미안합니다. 저는 15년 전에 아무것도 모르는 초딩이었어요.

테다코테이
TEDAKOTEI

··

오키나와에서 나는 식재료를 활용해 이탈리안 요리를 만드는 요리
공방 테다코테이. 가게 규모는 작은 편이다. 입식 테이블이 셋, 좌
식 테이블이 둘. 주방장 아주머니 혼자서 모든 요리를 만들고 직접
서빙하기 때문에, 손님이 몰리는 경우에는 조금 기다려야 할 수 있
다. 인테리어는 약간 어수선한 느낌이 있지만, 15년의 내공이 쌓인
실력자의 맛과 아주머니의 친절함을 느끼고 싶다면 테다코테이로!

주소 沖縄県 那覇市 松尾 2-11-4, 1F(오키나와현 나하시 마쓰오
2-11-4, 1층)

전화번호 098-860-0150

운영 시간 17:00~22:00(식사 마지막 주문 20:00, 음료 마지막
주문 21:00)

휴무일 월~수요일

홈페이지 www.tedakotei.com/wp/

메뉴 드래곤후르츠와 닭고기 600엔, 토마토 파스타 1,200엔, 훈
제 베이컨 크림치즈 파스타 1,500엔, 야채 치킨 파스타 1,800엔 등

찾아가기 모노레일 겐초마에 역 하차, 서쪽 출구로 나가 100미터
정도 직진. 큰 사거리 왼쪽에 위치한 국제거리를 따라 400미터쯤
걷다가 1층에 로손, 2층에 스테이크 다이닝 88이 있는 건물 옆 골
목으로 들어간다. 그 길을 따라 다시 200미터 직진하면 나오는 왼
쪽 골목 초입에 위치.

아주 오래된

나하를 걷는 시간

나하시

슈리

나하

N
W — E
S

넷째 날은 하루종일 나하에만 머무른다. '여기저기 다녀도 바쁠 와중에 왜 나하에만?'이라고 생각하는 사람이 있을지도 모르겠지만, 천만의 말씀. 하루종일 나하만 제대로 보기에도 바쁘다는 사실. 나하는 류큐왕국에서부터 이어져온 오키나와의 역사를 담고 있는 중심지였으며, 지금까지도 오키나와 중심지로 오키나와 사람들의 일상을 책임지고 있는 곳이다. 류큐왕국에서부터 현재까지 이어지는 오래된 오키나와를 들여다볼 수 있는 날인 것!

오전에는 나하 시민들이 즐겨 찾는 해수욕장인 나미노우에 비치에서 일광욕도 즐겨보고, 중국식 정원인 후쿠슈엔을 거닐며 오키나와식 아침 산책을 만끽해보자. 오후에는 슈리 성, 타마우둔, 슈리킨죠초 돌다다미길을 통해 아주 오래된 나하를 걸어보게 될 것이다. 나하 시내 곳곳에 남아 있는 옛 류큐왕국의 숨결도 느끼고, 지금 나하를 살아가는 오키나와 사람들의 일상 속으로 자연스럽게 녹아들게 될 하루다. 모노레일과 도보만으로 이동하고, 슈리 성과 슈리킨죠초 돌다다미길의 경우 경사가 있는 길을 오르내리게 될 것이기 때문에 편안한 신발을 챙겨 신고 길을 나서보자.

시간	위치	장소	이동 방법
오전	(이동)	모노레일	모노레일을 타고 겐초마에 역 하차 후 도보 이동(20~25분 소요).
	나하	나미노우에 비치	
	나하	후쿠슈엔	
점심식사	나하	모스버거	
오후	(이동)	모노레일	모노레일 겐초마에 역에서 슈리 역으로 이동(15분 정도 소요), 하차 후 도보 이동(20분 소요).
	나하	슈리 성	
	나하	타마우둔	
	나하	슈리킨죠초 돌다다미길	
저녁식사	나하	류소우차야	

나
미
노
우
에

비
치

오
젓
ᄒ
나
하

나
를

살
게

한

사
람

20년도 더 지난 어느 여름날, 친척들과 다 같이 바다로 물놀이를 갔다. 어른들은 폐타이어로 만든 거대한 튜브를 빌려 아이들에게 건네주었다. 마트에서 파는 투명하고 그림이 많은 유아용 튜브보다 훨씬 거대하고 단단한 튜브였다. 그 튜브를 타고 둥둥, 바다 위를 떠다녔다.

　파도가 나를 덮친 것은 순식간이었다. 밀려오는 파도와 함께 철썩, 거꾸로 뒤집혔다. 바다에 거꾸로 처박힌 채 발버둥쳤다. 발이야 바다 밖으로 나와 있었으니 아무 소용없는 몸부림이었을 것이다. 사람들 곁에서 꽤 멀리 흘러왔는지 나를 발견해주는 이가 없었다. 까만 고무 튜브를 뒤집기에 여섯 살 꼬마의 힘은 턱없이 부족했다.

　죽음을 앞에 두면 파노라마가 스쳐가듯 살아온 장면이 머릿속을 스쳐간다던데, 그때 그 작았던 여섯 살 꼬마에게도 삶은 있었나보

다. 자그마치 6년에 가까운 시간이었다. 어땠냐면, 정말 6년의 생에
서 내가 겪었던 일들이 '다다다다다' 소리를 내며 눈앞으로 파노라마
처럼 스쳐갔다. 죽음을 알기엔 너무 어렸지만 본능적으로 그것이 죽
음임을 알아차렸다.

　　그때 나는 거의 생을 포기했다. 살아야 한다고 더 욕심낼 이유
를 알지 못하는 나이이기도 했다. 뽀글뽀글. 입에서 뿜어져 나온 숨이
바다를 관통해 떠올랐다. 어린 숨이 수면 위에서 퐁, 퐁 터졌다. 그때
누군가가 거꾸로 처박혀 있던 나를 뒤집었다. 작은 고모부였다.
　　작은 고모부가 거꾸로 박혀 있던 나를 발견하고 뒤집어준 덕에
나는 지금도 이렇게 살아 있다. 살아서 친구도 사귀고, 공부도 하고,

사랑도 하고 그렇게 컸다. 더 커서 이제는 직업이 생겨 일도 한다. 무엇보다 매일 밥도 먹고 꼬박꼬박 화장실도 가고 잘, 산다. 나는 산다.

　그날 물 밖에 나와서 어떻게 물을 뱉어내고, 무엇을 더 했는지는 아무것도 기억하지 못한다. 하지만 아직도 생이 있는 쪽으로 뒤집혀지던 찰나 보았던 작은 고모부의 얼굴을 잊지 못한다. 작은 고모부는 그로부터 몇 년 뒤 우리 꽃다운 작은 고모와 사촌 동생들을 남겨둔 채 먼저 하늘나라로 갔지만. 자신을 살게 해준 이를 잊을 리가 없지 않은가. 작은 고모와 사촌 동생들처럼 나도 평생 고모부를 기억할 것이다. 여섯 살의 내가 보았던 20여 년 전 고모부의 모습 그대로.

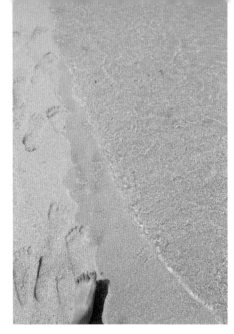

그뒤로 나는 수영이라면 질색하는 아이가 되었다. 물론 내게도 바다는 아름답고 그 물이 얼마나 시원하고 또 반짝이는 줄도 알지만, 물에 들어가는 일은 여전히 두렵다. 그래서 여기 오키나와, 이렇게나 아름다운 나미노우에 해변에서 할 수 있는 일이라고는, 신발을 벗고, 바지 끝단을 살짝 접어 올리곤, 나를 살게 한 사람을 떠올리며 물가를 따라 걷고 또 걷는 일뿐이었다.

나미노우에 비치
波の上ビーチ

나하국제공항까지 차로 15분, 국제거리까지 걸어서 15분 정도 거리로 접근하기가 좋은 나미노우에 비치는 나하 시내에 있는 유일한 해수욕장이다. 왠지 동네 주민처럼 보이는 사람들이 자전거를 타고 와 해수욕을 즐기는 모습을 볼 수 있는 작고 귀여운 해변이었는데, 실제로 나하 시민들이 수영을 즐기러 오는 휴식 장소라고 한다. 매점, 탈의실, 코인 라커, 코인 샤워장 등의 설비가 있어 수영을 하고 놀기에 좋다. 해수욕장 옆 공원에서 시설을 빌려 바비큐도 가능하다.

주소 沖縄県 那覇市 若狭 1(오키나와현 나하시 와카사 1)

전화번호 098-866-7473

운영 시간 따로 없음, 수영 가능한 시간은 4~6월, 9월, 10월 9:00~18:00, 7~8월 9:00~19:00

휴무일 연중무휴

홈페이지 www.naminouebeach.jp

입장료 무료

시설 매점, 탈의실, 화장실, 바비큐, 코인 라커(200엔), 샤워장(3분 100엔), 비치 베드(500엔), 파라솔(500엔) 등

찾아가기 모노레일 겐초마에 역 북쪽 출구로 나가 950미터 정도 직진 후 왼쪽 골목으로 들어가면 비치 입구가 보인다. 도보 15~20분.

후쿠슈엔

지나가는 비인 줄 어떻게 아느냐 하면

나미노우에 비치와 겐초마에 역 사이에는 중국식 정원 '후쿠슈엔'이 있다. 느긋한 아침 산책을 즐길 겸 후쿠슈엔에도 들른다. 연못 옆 정자에 앉아 연못을 바라본다. 물고기들이 뻐끔뻐끔 입을 움직일 때마다 물결이 톡톡 터진다. 그 모습을 마냥 바라보고 있는데 수면 위로 수많은 동심원이 퍼져나갔다. 마치 비가 오는 것처럼. 연못 자체에서 나오는 효과인 줄 알고 신기해하며 두리번거리는데, 정말 비가 오고 있었다. 물고기에 정신이 팔려 비가 오는 줄도 몰랐다.

　　지나가는 비였다. 딱 보니까 그랬다. 잠깐 여기에 앉아 기다리면 모든 게 지나가겠구나 싶었다. 그래서 정말 정자에 가만히 앉아 동심원이 퍼져가는 모습을 바라보니, 금세 비가 그쳤다. 하늘의 색깔과 비구름 모양새를 보고 이런 걸 알아차리다니! 문득 내가 살아온

지난 해들이 헛되지 않았다는 사실에 감격한다. 살아가는 일이 사실은 별거 아니구나. 비는 정말 지나갔다. 지나가는 비인 줄 어떻게 아느냐 하면, 딱 보니 그랬다 그냥.

당연한 말이지만 경험이 쌓이면 연륜이 된다. 경험할수록 수많은 표본 집단이 생기는 것이고 확률상 정확한 결론을 내릴 수 있게 된다. 그래서 어른들은 종종 우리가 알지 못하는 것을 알아맞히고, 미리 결론을 내린다. 나이가 든다는 것은 세상의 다양한 변수를 하나씩

겪어본다는 것과 같은 말이다. 표본이 쌓일수록 통계는 정확해진다. 그래서 어른들은 자신들이 경험해보았던 범주 안에서 지레짐작하고 판단할 수가 있다. 이미 여러 번 겪어봤던 일이기에 확률상의 결론에 다다르는 것이다.

　　짐짓 아는 척할 수 있는 나이. 그게 나쁘다거나 좋다거나 하는 것이 아니다. 그저 정말로 수많은 경험이 쌓여 판단의 잣대가 되고 세상을 이해할 수 있는 깊이가 될 수 있다면, 아직도 너무나 젊은 나는 앞으로 더 넓은 세상에서 더 많은 경험을 해보아도 좋지 않을까,

생각했던 것이었다. 적당한 표본에서 그치지 않고 이 세상 가득한 다양한 표본을 수집하는 사람.

　　세상에 가득한 표본들을 경험을 해나간다면, 그 사람이 바로 도를 튼 도인인 거 아닐까. 그런 도인의 자리에 오르기 위해 앞으로 더 많은 일을 경험해보아야 하지 않을까. 먼 훗날 세상살이쯤이야 부드러운 시선으로 훑어낼 수 있는 삶의 달인이 될 수 있지 않을까. 뭐 이런 생각을 하는데 다시 쨍하니 해가 떴다.

후쿠슈엔

福州園

••

나하시와 중국 푸젠성 푸젠시와의 우호도시 체결 10주년을 기념하여 1992년에 조성한 정원. 중국 푸젠 지방의 전통 기법으로 설계된 중국식 정원이다. 중국의 웅대한 자연과 푸젠의 명승을 이미지화하여 이국의 정취가 물씬 풍긴다. 후쿠슈엔이 위치한 나하시 쿠메는 중국과 깊은 관계가 있는 장소인데, 지금으로부터 약 600년 전 중국 푸젠성에서 처음으로 이주해온 사람들이 거주했기 때문이다. 당시 그들이 중국에서 가져온 기술은 류큐왕국의 발달에도 큰 영향을 끼쳤다고 한다. 모노레일 겐초마에 역에서 나미노우에 비치로 가는 길에 위치하기 때문에 함께 들러보면 좋다.

주소 沖縄県 那覇市 久米 2-29(오키나와현 나하시 쿠메 2-29)

전화번호 098-951-3239

운영 시간 9:00~18:00

휴무일 수요일(수요일이 공휴일인 경우에는 개관하며, 목요일 휴일)

입장료 무료

찾아가기 모노레일 겐초마에 역 북쪽 출구로 나가 400미터 직진. 왼편에 후쿠슈엔이 있다. 도보 10분. 혹은 나미노우에 비치에서 모노레일 역 쪽으로 550미터 직진하면 오른편에 위치.

모스버거

패스트푸드 햄버거를 먹기 위한

마음가짐

햄버거를 먹을 때는 어쩐지 한껏 들뜬다. 어떤 것을 골라도 적당히 '저질스러운' 느낌이 나는 패스트푸드 햄버거일 줄을 알면서도 신중하게 메뉴를 고른다. 패스트푸드 햄버거의 삼박자를 갖추려면 사이드 메뉴로는 프렌치프라이와 탄산음료가 제격이다. 어디 저질스럽기만 한가? 음식이 나와도 직접 가지러 가야 하고, 다 먹은 후에도 직접 뒷정리를 하고 떠나야 하는 수고스러움까지 겸비했다. 그럼에도 불구하고 햄버거가 눈앞에 놓인 순간만은 참 신성하다. 햄버거를 먹기 위해서는 약간의 준비가 필요하다. 하나, 쟁반에 깔린 종이 위에 프렌치프라이를 와르르 쏟는다. 둘, (거기서 거기겠지만) 좀더 깨끗해 보이는 곳에 케첩을 짠다. 셋, 탄산음료를 한 입 마셔 입맛을 돋운다. 이제 준비가 끝났다. 햄버거를 감싸고 있는 포장지를 조심스레 벗겨내어 가능한 한 크게 입을 벌려 한 입 베어 문다.

　　햄버거 먹기에도 이렇게 신성하기까지 한 마음가짐이 필요한 까닭은, 햄버거에 대한 첫 기억이 유년에서부터 오기 때문일 것이다. 내가 초등학생일 땐 한창 햄버거가 유행해서 동네 번화가에 햄버거 브랜드인 롯데리아가 처음 들어섰다. 햄버거는 아이들에게 즐거운 한 끼의 상징이 됐다. 그 무렵 반장 선거에 나온 아이들은 자기를 반장으로 뽑아주면 반 아이들 모두에게 햄버거를 돌리겠다는 공약을 내걸곤 했다. 어떤 아이는 생일날 친구들을 패스트푸드점으로 초대해 파티를 열었다. (물론 엄마 돈이지만) '거하게' 햄버거 세트를 사줬다. 그런 기억들 때문일까. 여전히 햄버거를 먹을 때면 즐겁다.

　　오키나와에 왔어도 햄버거를 먹는 일은 여전히 즐겁다. 패티가 두 장이나 든 햄버거, 프렌치프라이, 음료는 가장 저질스러운 느낌이 나는 초록색 탄산음료를 고른다(멜론맛 탄산음료였다). 그러나 주문할 때 번호표를 쥐어주고 음식이 나오면 종업원이 직접 자리로 햄버거를 가져다준다는 사실에, 햄버거를 미리 만들어 포장지로 감싸둔 것이 아니라 정말 갓 만들어 바구니에 담아준다는 사실에 적지 않은 충격을 받는다. 햄버거 맛도 더 자극적이고 찌질해도 좋으련만, 채소의 신선한 식감이 살아 있고 담백한 맛이 난다. 게다가 종업원이 뒷정리를 해주기 때문에 다 먹은 후 쓰레기는 그냥 자리에 두고 나오면 된다. 이쯤 되니 패스트푸드 햄버거 먹기의 핵심이라 할 수 있는 저질스러움과 수고스러움을 모두 빼앗긴 기분이 든다. 억울할 것도 없는 이유로 억울해지는 오키나와의 한 끼.

모스버거 팔레트 쿠모지 점
モスバーガー -パレット久茂地店

모스버거는 1972년 일본에서 만들어진 햄버거 전문점이다. 된장과 간장을 사용한 데리야키버거, 쌀을 사용한 모스라이스버거 등일본 식문화를 녹여낸 상품을 처음으로 만들어낸 것으로 유명하다. 일반 메뉴판은 일본어로만 되어 있는데, 일본어를 모른다고 보디랭귀지를 섞어 설명하면 영어로 된 별도의 메뉴판을 내어준다. 주문 후 번호표를 받아오면 종업원이 자리로 음식을 가져다준다. 인기 있는 햄버거를 미리 만들어 쌓아두지 않고 주문을 받는 즉시조리하는 수제버거이기 때문에, 한국에서 맛보았던 패스트푸드 햄버거보다 훨씬 채소 식감이 아삭거리고 좋다. 우리나라에도 2012년 처음 모스버거 점포가 생겨 운영되고 있다.

주소 沖縄県 那覇市 久茂地 1-1-1(오키나와현 나하시 쿠모지 1-1-1)

전화번호 098-861-5060

운영 시간 6:00~23:00

휴무일 연중무휴

홈페이지 mos.co.jp

찾아가기 모노레일 겐초마에 역 서쪽 출구로 내려오면 오른쪽에 위치한 백화점 류보 건물 1층에 위치.

오후
나하

슈리성

오키나와의 시간을 걷다

SHURIJO CASTLE PARK

오래된 것들을 좋아한다. 조금 낡고 더러울지라도 이야기가 담긴 것들. 수많은 사람들의 손길을 받아 손때 묻은 것들. 나하 시내에 위치한 슈리 성, 타마우둔, 슈리킨죠초 돌다다미길…… 모두가 오래된 풍경을 안고 있었다. 그곳에서, 만나본 적 없는 옛 사람들을 생각한다. 그들도 오늘을 살았을 것이다. 좋아하는 장소나 좋아하는 길이 있었을 것이고, 그 장소가 가장 아름다운 시간이 언제인지도 알고 있었을 것이다. 장소는 기억되고, 때로 사라졌을 것이다.

그러나 슈리 성도, 타마우둔도, 슈리킨죠초 돌다다미길도 지금, 여기에 남아 있다. 남아 있어서 이렇게 걸어본다. 걷는 순간부터 그것들은 '나의 장소'가 된다. 그곳들이 끝내 사라진다 하여도 그것들은 기억을 통해 되살아날 것이다. 나의 장소는 영원하다. 더 온전한 기억

을 빚기 위해 바지런히 눈알을 굴리고 코끝, 손끝, 모든 감각을 열어 느낀다. 오래된 오늘을 기억해내기 위해.

장소에 대한 기억은 꼭 입체파 화가의 그림을 닮았다. 이쪽에서 본 얼굴, 저쪽에서 본 얼굴이 다르지만 결국 그 조각들이 모여 여인 들의 얼굴이 된다. 완전하진 않지만 기이한 형태, 그러나 이쪽에서 본 것도 저쪽에서 본 것도 분명 '바로 그것'이다. 멀리서 내다보았을 때 그것은 한 여인이 되고, 기이함은 이내 아름다움이 된다. 여행의 장소 또한 하나의 순간, 하나의 기억으로만 이루어지는 것이 아니다. 내가 혹은 네가 보았던 곳, 그때 혹은 지금의 내가 본 곳. 같은 장소를 향유 했던 순간들의 조각들은 모두 다르게 생겼다. 수많은 기억의 조각들 이 모여 의미의 덩어리가 되고, 아름다움은 그때 발생한다.

　　이 오래된 오키나와의 시간을 걷고 나면, 순전히 나의 눈높이, 나의 시선, 나의 편견이 고스란히 담긴 슈리 성이 기억될 것이다. 또한 기억 속 슈리 성은 계속해서 변해갈 것이다. 저쪽에서 바라본 누군가의 기억에 따라, 이쪽에서 여행하는 또다른 나의 기억에 따라. 그러니 내가 할 수 있는 일이라고는, 내가 보았던 이쪽의 얼굴을 잊지 않는 것뿐이다. 그럼에도 어딘가에 있을 지나가버린 곳, 사라진 곳, 가보지 못한 곳, 언젠가 마주할 곳, 그 모든 '그곳'을 상상하며.

정전에 입장할 때는 신발을 벗고 들어가야 한다.

슈리 성

首里城, 슈리죠

1406년 류큐왕국이 건국된 이래로 약 470년간 류큐왕국의 정치, 외교, 문화의 중심지였던 슈리 성은 류큐왕국의 번영을 보여주는 세계유산이다. 1945년 미군과의 오키나와 전투에서 완전히 소실되었다가 1992년에 복원됐다. 중국과 일본의 축성 문화를 융합한 독특한 건축 양식과 석조 기술의 문화적 · 역사적 가치가 인정되어 세계문화유산에 등록되어 있다. 슈리 성 공원은 슈레이몬守礼門, 즈이센몬瑞泉門, 정전(正殿, 세덴), 류탄龍潭 등으로 이루어져 있다. 정전 등 건물도 흥미롭지만, 전망대에서 내려다보는 오키나와 전망이 압권이니 전망대 쪽으로도 꼭 가보길 권한다. 슈리 성은 2시간 반 ~3시간 정도 넉넉하게 시간을 잡고 천천히 걸어보는 것이 좋다. 각 지점마다 건물을 형상화한 도장을 찍을 수 있으니 도장 애호가들은 수첩을 꼭 챙겨갈 것!

주소 沖縄県 那覇市 首里金城町 1-2(오키나와현 나하시 슈리킨죠초 1-2)

전화번호 098-886-2020

운영 시간 4~6월 & 10~11월 08:30~19:00, 7~9월 08:30~20:00, 12~3월 08:30~18:00

휴무일 7월 첫째 주 수요일과 목요일

홈페이지 www.oki-park.jp

입장료 슈리 성 공원 입장은 무료, 정전 입장은 유료(대인 820엔, 학생 620엔, 소인 310엔)

찾아가기 모노레일 슈리 역 남쪽 출구南口로 나와 100미터 정도 직진하면 사거리가 나온다. 그대로 직진 방향으로 조금만 걸으면 오른쪽으로 길이 휘는데, 그 길을 따라 300미터 정도 직진한다. 패밀리마트와 로손이 나오는 부근에서 좌측 골목으로 100미터 정도만 들어가면 슈리 성이다.

타
마
우
둔

돌과 그녀

장소는 경험되는 것이다. 겪어보지 않은 공간은 어떠한 의미도 갖지 못한다. 공간空間, 말 그대로 아무것도 없는 빈 곳이다. 그러나 누군가가 특정 공간을 경험한다면 상황은 달라진다. '겪음'으로써 공간은 '의미'를 부여받고 장소가 된다. 인간은 끊임없이 장소와 관계를 맺음으로써 인간다워진다. 관계를 맺는다는 말은 곧, 기억한다는 말이며 의미를 부여한다는 말이다. 그렇다면 여행자가 겪었던 공간들은 어떨까? 같은 공간을 경험한다 할지라도 누가 누구와 무엇을 어떻게 겪었느냐에 따라 장소는 전혀 다른 모습으로 바뀐다. 장소는 변형되고 왜곡될 수 있는 것이다. 그러나 여행의 장소는 지문처럼 저마다의 고유한 무늬를 갖게 된다.

　　타마우둔은 실은 가보고 싶다는 뚜렷한 욕망이 있었던 곳은 아니었는데, 슈리 성과 슈리킨죠초 돌다다미길 사이에 있어 들러본 곳이었다. 그런데도 타마우둔이라는 장소의 고유한 무늬가 분명하게 마음속에 새겨졌다. 북적이던 슈리 성 공원과 달리 한적하기 그지없는 곳이었다. 하긴 이렇게 역사적 목적이 분명한 공간은 단체 관광객의 발길이 끊기면 부쩍 외로워지는 곳이니까.

　　입구부터 벌써 조용한 야트막한 길을 걸어가기 시작한다. 타마우둔의 시간을 가늠해볼 수 있는 나무들이 울창하다. 잎과 잎 사이로 스며드는 볕을 손바닥으로 받아낸다. 그러고는 거대한 돌무덤에 도착하기도 전에 어쩌면 목적지보다 목적지를 향해 '가는' 그 길이 더 아름다울지도 모른다는 생각을 한다. 비단 이곳뿐 아니라 내가 걸어

왔던 그간의 모든 길들이 말이다.

거대한 돌무덤이 나타났다. 꼭 세상에 돌과 나만 남겨진 기분이
었다. 정말로 나 혼자였다면 조금 눈물이 났을지도 모르겠다. 그런데
아무도 없는 줄 알았던 돌무덤 앞에 어떤 여자가 쪼그리고 앉아 있었
다. 작업복을 입은 그녀는 바닥에 깔린 돌을 고르는 일을 하고 있는
것 같았다. 거대한 돌무덤 앞에 쪼그리고 앉아, 바닥에 집중하고 있는
그녀의 뒷모습이 조금 처연했다. 어쩌면 그녀의 세상에는 돌과 그녀
만이 남겨졌을지 모르는 일이었다.

나는 타마우둔을 중년 여자의 뒷모습으로 기억한다. 온통 검은
돌투성이인 곳이었다. 거대한 무덤도 돌, 바닥도 돌. 그리고 쭈그리고

앉아 돌을 고르는 중년 여자. 돌과 그녀뿐일 그녀의 세상. 그녀에게 타마우둔은 어떤 장소일까.

　　수많은 장소들은 저마다의 경험과 기억에 따라 재구성된다. 이미 지나가버린 장소의 구체적인 모습과 그 안의 의미를 되새기는 과정은, 외려 상상에 가깝다. 이미 겪어본 것에 대한 애정 어린 상상. 나는 돌과 그녀의 시간을 가늠해보려 타마우둔을 상상해본다.

타마우둔

玉陵

....

류큐왕국 제2 쇼 씨 왕족의 역대 국왕이 안치되어 있는 능묘이다. 원래는 제3대 쇼신왕이 아버지 쇼엔왕을 매장하기 위해 1501년에 건축한 것이다. 슈리 성을 모델로 한 거대한 석조 무덤은 오키나와 최대의 하루바카 `로, 당시 류큐왕국이 얼마나 절대적인 권력을 가지고 있었는지 보여준다. 오키나와 전투 당시 부분 파손되었다가 1974년에 복원되었으며, 세계문화유산으로도 등록되었다. 슈리 성에서 도보로 이동할 수 있는 거리에 위치한다. 유적에 별 관심이 없는 여행자라면 건너뛰는 편이 나을지도 모르겠지만, 슈리 성에서 슈리킨쵸초 돌다미길에 가려면 어차피 타마우둔 앞을 지나게 되니 이왕이면 거대한 돌무덤의 세상을 직접 확인해보시길.

*하루바카破風墓: 집과 같은 형태로 만들어진 무덤을 뜻한다.

주소 沖縄県 那覇市 首里金城町 1-3(오키나와현 나하시 슈리킨쵸초 1-3)

전화번호 098-891-3501

운영 시간 09:00~18:00(입장 마감은 17:30)

휴무일 연중무휴

입장료 대인 300엔, 소인 150엔

찾아가기 슈리 성 입구의 안내센터에서 직진해 나와 삼거리 직진 100미터

오후 · 나하

슈리킨죠초 돌다다미길

문득 뒤를 돌아보았을 때

돌길에서는 풀냄새가 났다. 풀이 어디에 있는지는 잘 보이지 않았다. 아무래도 돌담 너머의 집이 그 풀냄새를 품고 있는 듯했다. 슈리킨죠초 돌다다미길에서 깊은 숨을 들이쉬어본다. 내가 알아차린 그 풀냄새가 몸 안 곳곳으로 스미어들도록.

평범한 사람들의 동네다. 여기저기 사람들의 집, 돌길은 그들의 집으로 향하는 길일 뿐이다. 여기엔 나의 일상이 없다. 가족이나 친구도 애인도 없다. 그래서 이곳은 나의 것이 될 수 없지만, 어떤 이유에서인가 낯설지 않은 풀냄새를 맡는다. 일상이 있고, 가족이나 친구가 있는 곳의 냄새.

들어가보지 못한 이름 모를 가게.

　　슈리킨죠초 돌다다미길은 슈리 성으로 가기 위한 지름길이다. 성이 일상이고 성 안에 가족과 친구를 둔 사람도 있었을 테지만 우리는 그 시간을 가늠할 수 없다. 다만 그들이 밟았다는 돌길 위에 발을 올려보며 상상해보는 것이다. 성을 향해 오르는 언덕의 기울기를, 그때 흘렸던 누군가의 땀방울을, 돌담 너머에 자랐을 풀을, 풀이 몸을 움직일 때마다 마을 곳곳으로 퍼지던 향긋한 풀냄새를.

　　돌길과 돌담이 이어지는 소박한 그 마을을 걷다가, 취한다. 길에 취해 걷다보면 조금 전 걸었던 길과 연결되는 일도 왕왕, 어쩐지 익숙한 풍경에 놀라기도 한다. 왔던 길이 막다른 길이라 다시 거꾸로 거슬러가기도 한다. 그런데 길을 거꾸로 걷다보면, 아까 갈 때는 보이지 않았던 길이 보이기도 한다. 갈 때는 보이지 않았지만 돌아올 때

보이는 길. 길은 더욱 놀라운 것이라, 앞을 향해 갈 때는 몰랐다가 걸음을 멈추어 문득 뒤를 돌아보았을 때 아름다운 길도 있다. 그러니 여행자는 걸었던 길을 거꾸로 다시 걷는 사람이어야 하고, 목적지를 향해 가다가도 문득 뒤를 돌아볼 줄 아는 사람이어야 한다.

일행이 있었다면 진작에 다른 목적지를 만들어 길을 떠났을 것이다. 허나 나는 혼자라서 풀냄새 가득한 조용한 마을에 오래 머문다. 걷고 또 걷는다가 비로소 알아차린다. 이 여행의 의미를, 혼자서 떠나온 여행의 즐거움을. 그야말로 나는 '혼자'였던 것이다. 나와 함께 있는 것은 '나'뿐이다. 나한테 '나'만 있다. 다리가 아파서 쉬어가야 하나 걱정되는 것도 나, 조금 더 머물고 싶은지 궁금한 것도 나, 달콤

한 게 먹고 싶은지 짠 게 먹고 싶은지 헤아려보는 것도 나, 사진을 찍을 때 마음 놓고 시간을 써도 좋다고 허락해주는 나. 여기에서의 나는 오로지 나만 생각한다. 친구든 가족이든 애인이든 기분이 어떤지 무얼 하고 싶은지 무얼 먹고 싶은지 상관할 바가 없는 것이다! 혼자인 여행자는 오로지 나만 챙긴다. 그래서 여행은 가뿐하고, 보듬어주는 이 없이도 든든하고 흥에 겹다. 기분이 어떤지 무얼 하고 싶은지 무얼 먹고 싶은지, 이렇게나 내 생각만 해본 적이 있었을까. 풀냄새가 짙은 돌길을 오래 걸어본다.

슈리킨죠초 돌다다미길

首里金城町 石畳道, 슈리킨죠초 이시타다미미치

오키나와에서 나오는 류큐 석회암으로 만들어진 이 돌길은 킨죠초 金城町에 자리잡은 돌다다미길이라는 뜻의 '킨죠초 이시타다미미치 石疊道'라고 불리는데, '이시타다미'란 다다미 깐듯 네모나고 판판한 돌을 의미한다. 지금도 낡은 돌담과 오래된 집, 우물과 같은 사적이 남아 있어 차분하고도 고즈넉한 분위기를 느낄 수 있는 곳이다. '일본의 아름다운 길 100선' 중 하나로도 꼽혔다.

류큐왕국 쇼신왕 당시 건조가 시작되어 과거 류큐왕국의 귀족들이 살았던 슈리 성 아래쪽 마을과 성을 연결하는 길이었다. 류큐 귀족들이 왕궁으로 향할 때, 류큐의 백성들이 국왕 책봉시에 슈리 성을 구경하러 갈 때에 이용되었다고 한다. 오키나와 전투로 인해 대부분이 파괴되었지만, 킨죠초에 현존하는 238미터 구간이 슈리킨죠초 돌길로서 그 모습을 현재에 전하고 있다. 고즈넉한 분위기 덕에 오래된 나하의 모습을 상상해보기에 좋은 곳.

주소 沖縄県 那覇市 首里金城町 2-35(오키나와현 나하시 슈리킨죠초 2-35 일대)

전화번호 098-917-3501

찾아가기 타마우둔에서 나와 왼쪽 방향으로 50미터. 처음 등장하는 왼쪽 골목을 따라 쭉 내려간다(붉은 길 끝까지 150미터 정도), 그 길이 끝날 때 다시 왼쪽으로 꺾어서 200미터 정도 걸어가면 슈리킨죠초 돌다다미길 입구 표지판이 보인다.

류소우차야

맛있어요, 오이시!

슈리킨죠초 돌다다미길은 경사가 제법 있는 동네여서, 몇 번 오르내리고 나니 그야말로 녹초가 됐다. 많이 지치니 밥 생각만 간절했다. 따끈한 국물에 밥 한 숟가락, 개운한 김치까지 딱 얹어 먹으면 힘이 절로 솟겠는데. 따끈한 국물에 밥 한 숟가락……은 그렇다 쳐도 오키나와 한가운데에, 개운한 김치가 있을 리가 없었다. 눈물을 찔끔 닦으며 밥집을 찾았다. 슈리 성 공원을 찾아갈 때 보았던 정원이 있는 집으로 갈 작정이었다.

    슈리 성 공원 근처에 식당이 몇몇 눈에 띄었는데, 그중 평범한 가정집처럼 생긴 식당이 마음에 들었다. 식당 안으로 들어서니, 정말 집에 도착한 것처럼 주인장이 나를 반겨준다. 일본 여성 특유의 높은 목소리와 흠잡을 곳 없는 친절함으로.

　　오키나와 소바 세트를 주문했다. 세트로 함께 나온 반찬들을 보고 이내 기분이 좋아진다. 하얀 쌀밥, 바다의 캐비어 혹은 바다 포도라 불리는 우미부도우, 샐러드, 살짝 얼린 드래곤후르츠, 마지막으로 한국식 김치! 불과 몇 분 전까지 머릿속으로 그렸던 새빨간 한국식 김치가 눈앞에 놓여 있는 것이다. 정말…… 춤이라도 추고 싶었다. 김치 위에 오키나와 채소인 고야가 올라가 있다는 사실을 제외하고는, 아삭한 정도나 익은 정도가 진짜 맛 좋은 한국식 김치였다. 쌀밥 한 숟가락을 떠서, 따끈한 소바 국물에 살짝 담갔다가, 김치를 올려 한 입, 또 한 입. 아, 개운해라.

선선한 날 다시 가서 정원에서의 식사를 즐기고 싶다.

　계산을 하고 나가려는데 주인장이 벽에 걸린 오키나와 전통 의상을 가리키며 원한다면 무료로 입어보는 체험을 해도 좋다고 권한다. 아마 이 식당을 찾아오는 외국인 여행자들을 위해 마련해둔 옷인 것 같았다. 하지만 일행이 있다면 또 모르겠지만 혼자서는 어쩐지 부끄럽기도 해 말했다. "다이죠부……" 그러자 이번엔 호기심 어린 표정으로 어느 나라에서 왔냐고 묻는다. 한국에서 왔다고 말하니, 그녀의 얼굴에 일순간 설렘이 가득 찬다.

　그녀는 어른의 칭찬을 기다리는 어린아이 눈망울을 하고는 김치 맛이 어땠냐며 묻는다. 그녀가 직접 담근 김치라고 했다. 나름대로 연구해서 고야를 함께 넣어 만든 김치라고. 그런데 정말, 정말 그냥

하는 말이 아니라 그녀의 김치가 진짜 맛있었으므로, 지쳐 있던 내게
상상 속 맛을 고스란히 느끼게 해준 에너지 넘치는 한 끼 식사였으므
로, 나는 최선을 다해 그녀에게 말했다. "맛있어요, 오이시!"

살짝 얼려 내어준 드래곤후르츠는 최고의 디저트!

류소우차야
りゅうそう茶屋

슈리 역과 슈리 성 사이에 위치한 식당 겸 카페. 붉은 지붕의 오래
된 민가를 활용하여 멀리서도 눈에 띄며 고즈넉한 정취를 풍긴다.
실내에는 다다미방, 테이블석, 카운터 좌석 등 20여 석이 마련되
어 있고, 야외 테라스석도 있다. 저녁 시간(17:00~)에는 야외 테
라스석에서 조명을 받은 슈리 성 야경을 배경으로 숯불구이를 즐
길 수도 있다. 메뉴는 숯불 불고기, 샤브샤브, 오키나와 소바 세트,
빙수 등. 오키나와 전통 의상인 '류소우りゅうそう'를 무료로 입어보
고 사진 촬영을 할 수 있다. 류소우는 류큐왕국 시대에 왕족과 사족
이 입었던 전통 의상으로, 오키나와의 자연과 풍토를 반영한 화려
한 무늬가 매력적인 옷이다.

주소 沖縄県 那覇市 首里当蔵町 2-13(오키나와현 나하시 슈리토
노쿠라초 2-13)

전화번호 098-886-7678

운영 시간 11:00~22:30(마지막 주문 21:30, 점심 메뉴 11:00~17:00)

휴무일 비정기 휴무

홈페이지 ryusochaya.ti-da.net

메뉴 오키나와 소바 800엔, 섬 야채 조림 카레 900엔, 우미부도우
소바 1,100엔, 소바 정식 1,800엔, 숯불 불고기 코스 2,990엔, 망
고 빙수 900엔, 콩가루 바닐라 아이스크림 빙수 800엔 등

찾아가기 모노레일 슈리 역 남쪽 출구로 나와 100미터 정도 직진하
면 사거리가 나온다. 그대로 직진 방향으로 조금만 걸으면 오른쪽
으로 길이 휘는데, 그 길을 따라 300미터 정도 직진하면 나오는 패
밀리마트 맞은편, 로손 옆에 위치한다.

Tip
오키나와의 날씨

··

오키나와 뚜벅이는 서럽다. 볕이 강한데 습하기까지 해 조금만 걸어도 땀이 범벅이 된다. 일과를 마치고 돌아오면 바지까지 온통 땀에 절어 있었다. 숙소에 있는 세탁기로 잽싸게 빨래를 하긴 했지만 습한 날씨 탓에 바짝 마르는 데에도 이틀 정도 시간이 걸리곤 했다. 옷을 넉넉하게 챙겨오지 못해 결국엔 백화점에 가서 옷을 더 사서 입어야 했다. 모노레일 오로쿠 역에 가면 쇼핑몰을 '이온 몰 나하점イオン那覇店'을 이용할 수 있고, 국제거리와 가까운 겐초마에 역에는 백화점 류보RYUBO가 연결되어 있다. 국제거리의 기념품 가게나 골목 숍에도 티셔츠 등의 간단한 의류를 판매한다.

	기후	평균 기온	강수량	태풍	옷차림
1월	1년 중 가장 추운 시기인 오키나와의 한겨울.	16.6℃	107.0mm	0.0개	강한 계절풍이 불어 실제 기온보다 춥게 느껴질 수 있으므로, 긴소매에 재킷을 걸친다.
2월	1월과 비슷하다. 추운 날과 따뜻한 날이 반복된다	16.6℃	119.7mm	0.0개	밤에는 추울 수 있으므로 걸치는 옷을 챙긴다.
3월	점점 따뜻해지고 꽃이 핀다.	18.6℃	161.4mm	0.0개	긴소매 티셔츠.
4월	1년 중 가장 쾌적하다. 초여름에 진입.	21.3℃	165.7mm	0.0개	얇은 긴소매 혹은 반팔 셔츠.
5월	초순은 덥고, 중순부터 장마가 시작된다. 이때부터 6월 중순까지는 비가 많이 온다.	23.8℃	231.6mm	0.1개	반팔 셔츠와 반바지. 장마철엔 무더운 날씨가 계속된다.
6월	중순을 지나 장마가 끝나고 열대야가 계속된다. 습도가 80퍼센트까지 오른다.	26.6℃	247.2mm	0.4개	반팔 셔츠, 장마가 끝날 무렵은 모자나 선글라스 등을 꼭 챙긴다.

	기후	평균 기온	강수량	태풍	옷차림
7월	히비스커스가 가장 화사한 때, 무더운 여름이 계속된다. 최고 기온이 가장 높을 때지만, 일본 본토에 비해 기온 자체는 낮은 편이다.	28.5℃	141.4mm	0.6개	반팔 셔츠, 선크림을 꼭 바른다. 태풍 정보에 관심을 기울일 것
8월	무더위가 계속되지만, 해양성 기후이기 때문에 그늘에 들어가면 시원한 바람을 맞을 수 있다. 전국에 추석 행사가 열리지만, 태풍으로 인한 집중호우에도 주의할 것.	28.2℃	240.5mm	0.9개	반팔 셔츠, 선크림을 꼭 바른다. 태풍 정보에 관심을 기울일 것.
9월	중순까지는 한여름이 계속되고 하순이 되어야 햇볕이 약해진다. 9월에 태풍이 올 경우 대형 태풍으로 발전할 가능성이 높으므로 주의한다.	27.2℃	260.5mm	1.0개	반팔 셔츠, 더위가 한풀 꺾이지만 해수욕을 즐길 수 있다.
10월	월초부터 아침저녁이 선선해진다. 하순부터는 맑은 가을 하늘을 자주 볼 수 있다.	24.9℃	152.9mm	0.5개	낮에는 덥지만, 아침저녁으로 걸칠 수 있는 옷을 챙긴다.
11월	북동풍이 불어오고 가끔 비가 온다.	21.7℃	110.2mm	0.1개	얇은 긴소매 셔츠. 밤에 걸칠 수 있는 얇은 겉옷을 챙겨 다닌다.
12월	월초부터 초겨울이 시작되고 흐린 날이 많아진다. 일조시간이 짧아지고, 해상에는 거친 날이 많아진다.	18.4℃	102.8mm	0.0개	일본 본토에 비하면 따뜻한 겨울이다. 긴소매 셔츠에 걸칠 수 있는 옷을 입는다.

Day 5.

중부

가장 핫한 오키나와、
중부에서 우치난츄처럼 놀기

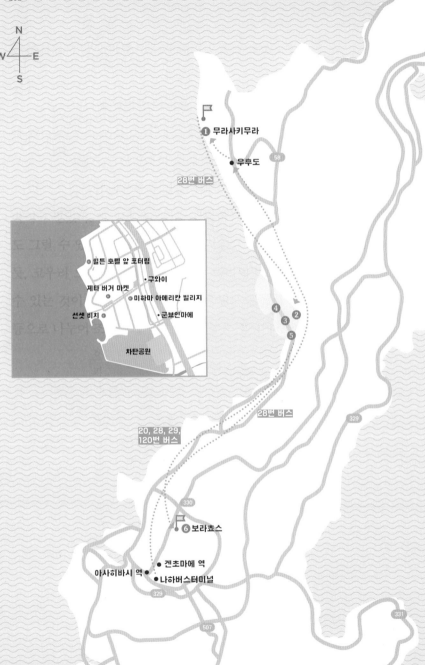

N
W · E
S

🚩
① 무라사키무라

● 우후도

58

28번 버스

힐튼 호텔 앞 포터림 ●
● 구와이
제타 버거 마켓 ●
● 미하마 아메리칸 빌리지
선셋 비치 ●
● 군뵤인마에

차탄공원

④ ②
③
⑤

28번 버스   329

20, 28, 29,
120번 버스

330

🚩 **⑥** 보라쵸스

● 겐초마에 역
아사히바시 역 ● ● 나하버스터미널

329

507

331

중부 지역에서 '가장 핫한' 오키나와를 만난다. 도자기 공예, 시사 채색, 날염 등 오키나와 공예와 관련된 각종 체험을 즐길 수 있는 '무라사키무라'부터 오키나와의 젊은이들이 즐겨 찾는다는 '미하마 아메리칸 빌리지'까지. 선셋 비치에서 보는 일몰이 '핫한' 하루에 정점을 찍어줄 것이다. 나하버스터미널에서 무라사키무라까지 버스로 이동하며, 무라사키무라에서 미하마 아메리칸 빌리지로 이동할 때도 28번 버스를 타고 한번에 갈 수 있다. 무라사키무라는 버스 정류장에서 도보로 20분 정도 이동한 곳에 위치하기 때문에, 뚜벅이 여행자들이 오후 늦게 돌아오지 않게끔 오전 방문으로 일정을 짰음을 참고하자. 여행지에서의 안전은 무엇보다 본인이 미리 신경쓰는 것이 중요하다. 나 역시 혼자 여행하는 여자 뚜벅이로서 저녁 9시를 자체 통금 시간으로 정해두고 늘 늦지 않게 숙소로 돌아갔다. 하지만 '보라쵸스'에 방문했던 밤만큼은 예외였는데, 이곳에서 만난 오키나와 사람들과 넘실거리는 오키나와의 정취에 흠뻑 빠져들었기 때문이었다. 여정의 마지막 밤인 이날만큼은 오키나와의 밤을 충분히 느껴봐도 좋겠다.

시간	위치	장소	이동 방법
오전	(이동)	버스	나하버스터미널에서 28번 버스를 타고 '우후도' 정류장 하차(1시간 30분 소요) 후 도보 20분.
	중부	무라사키무라	
	(이동)	버스	'우후도' 정류장 건너편에서 다시 28번 버스를 타고 '군뵤인마에' 혹은 '구와이' 정류장 하차(30분 소요). 이하 도보 이동.
	중부	미하마 아메리칸 빌리지	
점심식사	중부	제타 버거 마켓	
오후	중부	힐튼 호텔 앞 포터링	
	중부	선셋 비치	
	(이동)	버스	'군뵤인마에' 혹은 '구와이' 정류장 맞은편 방향으로 가는 20, 28, 29, 120번 버스를 타고 나하버스터미널로 이동(1시간 소요).
	(이동)	모노레일	모노레일 아사히바시 역에서 겐초마에 역으로 이동(10분 미만 소요).
저녁식사	나하	보라쵸스	

무라사키무라

무엇인가를 잘 해야 하는 사람이
되어야 한다면

바다와 수수밭을 보며 찾아가는 무라사키무라.

오키나와의 속도에 익숙해져간다. 노선에 따라 유난히 배차 간격이 긴 버스가 있다. 과연 그 버스가 존재하긴 하는 걸까 의심이 들 때쯤 버스는 나타난다. 정류장에 가만히 서 있어도 차는 도착할 텐데, 차는 언제쯤 오는 것일까, 몇 번이나 두리번두리번. 그런다고 차가 더 빨리 도착하는 것도 아닌데, 왜 이렇게 안 오는 거야, 다시 한번 두리번두리번.

무라사키무라로 가는 버스도 한참을 기다렸다. 버스 정류장 의자에 앉아 '이게 오키나와의 속도야' 하고 스스로를 타일렀다. 서울에서 가졌던 시간 개념을 잊으려 애쓰다가 문득 '오키나와에 있는 나'에게 없는 세 가지를 발견했다. 목적이 없다. 시간 약속이 없다. 고로, 빨리 갈 이유도 없다. 여기 가만히 앉아 있으면 다음 차는 올 텐데. 어

차피 도착하기로 정해진 시간도 없지 않는가. 어디에 꼭 가서 무얼 해야 한다는 뚜렷한 목적도 없지 않은가. 십 몇 분의 기다림 정도야, 이 거대한 우주의 시간에서 아주 미미한 것이 아니던가. 짧디짧은 시간, 기다리면 차는 올 것이다.

기다림에 능한 두 사람을 알고 있다. 한 사람은 한국 사람이고 이름 모를 아주머니다. 버스정류장에 줄을 서 있다가 뒤에 서 있던 두 아주머니의 대화를 듣고 웃을 수밖에 없었다. 한 아주머니가 "그 버스 배차 간격이 엄청 길지 않아?" 하고 물으니 다른 아주머니가 이렇게 답했다. "길어봤자 오늘 안에는 오겠지."

또 한 사람은 미국 사람이고 톰 행크스라는 이름의 남자인데,

영화 〈터미널〉에서 빅터 나보스키로 분해 기다림의 아름다움을 제대
로 보여주었다. 공항 관계자들이 몇 번의 도망칠 기회를 주었음에도,
자신이 닿고자 하는 그 순간을 지켜내기 위해 그는 도망을 포기하고
CCTV를 바라보고 이렇게 말한다. "I wait."

　　나도 그렇게 무심하게 기다릴 줄 아는 사람이 되고 싶었다. 기
다림에 시간을 잠식당하지 않는 사람, 제대로 기다리는 일로 시간을
보낼 줄 아는 사람. 사람이 살며 한 가지쯤 무엇인가를 잘 해야 한다
면, 나는 잘 기다리는 사람이 되고 싶었다.

　　오키나와에서 돌아온 나는 소망처럼 조금은 기다림에 능한 사
람이 됐다. 이왕이면 빨리 도착하면 좋고, 이왕이면 빨리 해결하면 좋

다고 생각했던 서울의 속도는 태평양에 벗어두고 오키나와의 속도를 입고 돌아왔다. 빨리 가야 할 이유가 없는데 빨리 해결해야 할 이유도 없는데. 왜 이렇게 급하게 달리고 있었지? 기다리면 차는 올 텐데. 조금 늦어도 도착할 텐데. 그래서 곧잘 기다리기 시작했다. 기다릴 수 있다는 건 양보할 수 있다는 것, 이해할 수 있다는 것을 의미했다. 기다림에 능해지자 삶을 갉아먹던 짜증들도 하나둘 사라지기 시작했다. 서두르지 않으니 짜증날 일이 하나도 없었다.

　　기다릴 수 있다는 것은 언젠가 일어날 일에 대한 희망을 놓지 않는다는 것. 희망을 놓지 않은 사람에게는 불안이나 불쾌, 불신, 불행 같은 것들이 없다. 삶에, 기다림이 있다. 그래서 나는 언제든 잘 기다리는 사람이 되고 싶다.

무라사키무라
むら咲むら
....

14-15세기 류큐왕국은 무역으로 널리 번영하였다. 그 시절의 류큐왕국의 모습을 보여주는 '무라사키무라'는 원래 일본 방송사 NHK의 대하드라마 〈류큐의 바람〉의 야외 촬영장으로 제작되었다. 붉은 기와가 있는 건물들, 류큐석회암으로 만들어진 길이 류큐왕국 시대를 제대로 보여준다. 현재는 가라데(공수도), 시사 채색하기, 유리 불기, 유리 액세서리 만들기, 사타안다기(오키나와식 도넛) 만들기 등 다양한 체험 시설이 있는 공방으로 사용되고 있다. 32개의 공방에서 101가지 체험을 즐길 수 있다. 대부분의 체험에 1,000-2,000엔 정도 비용이 든다. 시사 채색 체험을 직접해보았는데, 1시간 정도 칠하기에 골몰하다보니 절로 마음이 수련된다. 5일째 오전 일정으로 류큐무라琉球村와 무라사키무라를 두고 고민을 많이 했는데, 조금 더 조용한 산책을 즐길 수 있는 무라사키무라를 소개했다. 제주도를 연상시키는 류큐석회암 길을 타박타박 걷다보니 과연 마음이 차분해지는 곳이었다.

주소 沖縄県 中頭郡 読谷村 高志保 1020-1(나카가미구 요미탄손 타카시호 1020-1)

전화번호 098-958-1111

운영 시간 9:00~18:00(입장 마감 17:00), 일부 체험 공방은 21:00까지 (입장 마감 20:00)

휴무일 연중무휴

홈페이지 www.murasakimura.com

입장료 대인 600엔, 학생 500엔, 소인 400엔

찾아가기 나하버스터미널에서 28번 버스를 타고 '우후도大渡' 정류장 하차 (1시간 30분 소요) 후 버스 진행 방향으로 직진. 로손과 타운 플라자 카네히데タウンプラザかねひで를 지나 400미터 정도 직진해서 나오는 사거리 좌회전. 300미터쯤 직진해서 나오는 사거리에서 우회전. 200미터 직진한 곳에 위치한다. 도보 이동 거리가 약 1킬로미터로 20분 정도 소요된다.

Tip

액을 쫓고 복을 맞이한다, 시사

시사シーサー는 사자 모양의 수호신으로 오키나와의 대표적인 상징이다. 시사는 동물 '사자しし'를 오키나와 방언으로 발음한 것이다. 그러나 오키나와 내에서도 다른 이름으로 불리기도 하는데, 오키나와 본섬에서 떨어진 야에야마 제도에서는 '시시シーシー'라는 이름을 쓴다.

제주도에서 돌하르방을 쉽게 볼 수 있듯, 오키나와에서는 시사를 쉽게 찾아볼 수 있다. 건물의 문이나 지붕 위에 세워진 시사는 귀신과 액운을 막아주는 부적과 같은 의미를 가진다. 지금은 오키나와 곳곳에서 쉽게 찾아볼 수 있지만, 원래는 성문이나 사찰, 귀족의 무덤 입구 같은 곳에만 장식되었다고 한다. 메이지 시대 이후에야 점차 민간화되어 가게나 가정집 지붕에도 장식할 수 있게 되었다. 사람이 오가는 현관이나 입구에 두면 재앙을 막고 복을 지켜준다고 하는데, 마귀 역시 사람이 통과하는 길을 지나다닌다고 여겨지기 때문이다. 그래서 시사는 꼭 사람이 지나다니는 쪽으로 얼굴이 향하게 둔다.

시사는 암컷과 수컷 한 쌍으로 이루어져 있는데 입 모양에 따라 구별된다. 입을 다물고 있는 것이 암컷, 입을 열고 있는 것이 수컷이다. 암컷과 수컷의 역할이 각각 다른데, 암컷의 다문

입은 행복을 놓치지 않는다는 의미를, 수컷의 열린 입은 마귀를 내쫓는다는 의미를 가지고 있다.

시사가 처음 만들어진 것은 1689년으로 추정된다. 당시 화재가 빈발하여 고통을 받는 사람들이 많았는데, 풍수사에게 조언을 구하자 사자 모양 동상을 만들어 설치하라고 조언해주었다. 주민들이 그 말에 따라 시사를 만들어 설치했는데 더이상 화재가 발생하지 않았다고 한다.

돌이나 도자기, 석고로 된 것이 기본이고, 청동으로 만든 것도 있다. 아주 사나운 모습을 한 것에서부터 익살스럽고 귀엽게 생긴 것까지 다양한 모습을 하고 있다. 오키나와 토산품 가게나 공방 등 어디에서나 다양한 색과 크기의 시사 인형을 팔고 있고, 무라사키무라나 류큐무라, 오키나와 월드 등 체험 공방이 있는 곳에서는 직접 시사를 빚거나 채색을 하는 체험을 할 수도 있다.

무라사키무라에서 시사 만들기와 채색하기 체험을 할 수 있다.

미하마 아메리칸 빌리지

내 귀에 슬며시 이어폰을 끼워준 사람들

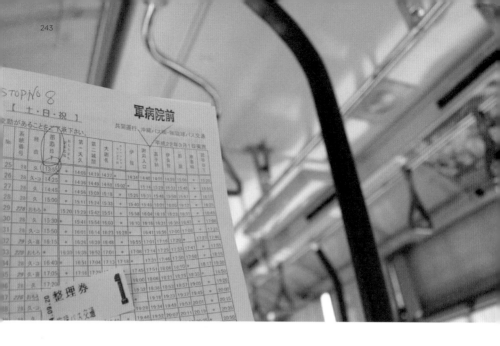

주말 오후라 그런지 차가 조금 막혔다. 엉금엉금 기어가는 버스 안에서 껌뻑 졸며, 아메리칸 빌리지에 도착했다. 오키나와 젊은이들의 취향이 뒤섞여 있는 곳. 토요일 오후의 북적거리는 거리 위에서 그들의 일상을 흉내내볼 작정이다. 오키나와에서 나고 자랐다면 이런 토요일 오후엔 친구들과 삼삼오오 모여 놀러와 이렇게 놀았겠지, 싶은 날. 그들의 취향, 그들의 일상 같은 것들.

사람들은 저마다의 취향을 이고 산다. 취향趣向이라는 말은 '하고 싶은 마음이 생기는 방향'이라는 의미를 가진 예쁜 말인데, 취향은 아주 오랜 시간에 걸쳐 만들어진다. 단어의 말 뜻대로 저마다 마음이 동하는 방향이 다르기 때문에 사람들은 저마다 다른 취향을 갖게 된다. 어렸을 때 겪었던 사건들, 가까이 두고 지내온 친구들, 때로

이름처럼 미국적인 풍경이 곳곳에 묻어난다.

는 부모님의 영향을 받아 취향은 쌓여간다. 가끔은 탐나는 취향을 훔치기도 하고, 고리타분해진 취향을 내다 버리기도 한다. 그것이 어디에서 어떻게 만들어졌고 또 버려졌건, 누구에게나 저마다의 취향이 있다.

　지금 나의 음악적 취향을 만들어낸 것은 열여덟에서 스물셋 사이에 만난 친구들이다. 취향이랄 것도 없는 새하얀 스케치북에 친구들이 하나둘 색을 칠하더니 가득 채운 것이다. 친구들은 제 이어폰 한쪽을 빼내어 내 귀에 꽂아주었다. 함께 듣다보면, 실은 음악보다도 그 애들이 좋아서 그 노래를 즐겨 듣게 됐다. 같은 음악을 듣고 싶어서, 듣다보면 같은 감정을 느낄 수 있지 않을까 하는 기대에 부풀어. 그 애들에게 한 걸음 더 다가가고 싶어서, 하얀 스케치북을 수줍게

내밀었다. 그 사람을 오래 느끼고 기억하려고 노래를 들었다.

취향의 전이에 대한 첫 기억은 이러하다. 열여덟 살, 어느 야간 자율학습 시간, 짝이었던 녀석이 슬며시 내 귀에 이어폰을 끼웠다. 록Rock이 무엇인지 알려주겠다며 웃던 그 녀석은 스트라토바리우스 Stratovarius의 〈블랙 다이아몬드Black Diamond〉라는 노래를 들려주었다. 그때 '아, 록이란 이런 거구나'가 아니라 '아, 이 아이는 이런 노래를 듣는구나' 하는 생각을 처음 했다. 그때부터 나는 사람을 사귈 때, 그 사람이 듣는 노래가 궁금해졌다. 그 사람이 듣는 노래를 들으며 그를 이해해보려 했고, 나란히 앉아 같은 노래를 나눠 듣는 순간을 고대했다.

살아가며 몇 사람들이 열여덟 살의 야자 시간처럼 곁에 다가와 나란히 앉았고, 내 귀에 이어폰을 꽂아 음악을 나눠주었다. 그것들은

금방 나의 취향이 됐다. 노래의 질감은 조금씩 달랐지만, 그 노래들은 친구들을 꼭 닮아 있었다. 나는 고루고루 취향을 흡수해서 얼룩덜룩한 스케치북이 됐다.

아메리칸 빌리지를 걷는 내내 친구들과 나란히 걷는 이들이 눈에 띄었다. 그 사람들처럼 재미나게 주말을 보내보겠다고 여기에 왔는데, 뭐가 다른가 싶어 살펴보니 참 중요한 것을 한국에 두고 왔다. 삼삼오오 모여 함께 걸을 친구들을 두고 왔구나. 내 귀에 슬며시 이어폰을 끼워주고 노래를 나눠주던 사람들을 두고 왔구나. 아메리칸 빌리지, 맛있게 먹고 신나게 놀기 딱 좋은 곳. 다음엔 친구와 함께 이어폰을 나눠 끼고 찾아와야지 꼭.

곁이 허전해져 그때 그 노래를 흥얼거려본다.

미하마 아메리칸 빌리지
美浜アメリカンビレッジ

오키나와 중부 차탄초에 위치한 복합 엔터테인먼트 공간. 커다란 미국식 쇼핑몰을 따라 지었기 때문에 옷 가게와 식당, 카페가 즐비하다. 미국 브랜드가 주를 이루며 식당에도 햄버거와 핫도그 메뉴가 많다. 실제로 많은 미군부대가 이 지역에 있어 미국인들에게는 정겨운 분위기를 선사하고, 오키나와 사람들에게는 흥미로운 볼거리를 제공하고 있다. 가까이에 대형 쇼핑몰 '이온'이 있어 인근 거주자들도 자주 찾아오는 곳이다. 입구에 자리한 대형 관람차인 '스카이 맥스 60'이 눈에 띄는데 11시부터 23시까지 이용 가능하고, 휴일은 없지만 태풍이 있을 경우 운영이 중단된다. 요금은 500엔이다.

주소 沖縄県 中頭郡 北谷町 美浜 9-1(오키나와현 나카가미군 차탄초 미하마 9-1)

전화번호 098-926-5678

운영 시간 11:00~21:00(가게마다 다름)

휴무일 연중무휴

홈페이지 www.okinawa-americanvillage.com

(데포 아일랜드 www.depot-island.com/ko/)

입장료 무료

찾아가기 무라사키무라에서 찾아갈 경우 '우후도' 정류장 맞은편 방향으로 다시 28번 버스 탑승(30분 소요), 혹은 나하버스터미널에서 20, 28, 29, 120번 버스를 타고 '군뵤인마에軍病院前'에서 하차(1시간 소요, 710엔). 로손과 맥도널드가 있는 사거리까지 200미터 정도 걸어가면 왼편에 입구가 보인다(도보 3분). 혹은 한 정거장 뒤인 '구와이泰江'에서 하차 후 버스 진행 방향과 반대 방향으로 50미터 직진, 오른편이 입구.

제타
버거
마켓

침이　고인다

누군가를 위한 요리를 한다. "조금만 기다려!"라는 말을 전하고 바지런히 움직여본다. "괜찮으니까 천천히 해"라는 말에도, 행여 기다리는 이가 배고플까 자꾸만 분주해진다. 무언가를 볶기 시작하면 저편에서 "맛있는 냄새가 나네!"라는 목소리가 들려온다. '맛있다'라는 말은 요리하는 이에게 비타민과 같아서 그 말을 삼키는 순간 힘이 솟는다. 만드는 이는 먹는 이의 웃는 얼굴을 떠올리며 다시 바삐 손을 움직인다.

오키나와에서 돌아온 뒤 누군가를 위한 요리를 만들기 시작했다. 그전까지는 남을 위한 요리는커녕 나를 위한 요리도 귀찮아서 무조건 밖에서 끼니를 해결했다. 재료를 손질하는 일이 귀찮기도 하고 음식 솜씨가 그다지 좋지 않기도 했다. 식당에서 먹는 음식은 만드는

이가 누구인지 모르고 먹는 요리이다. 먹는 이가 누구인지 모르고 만드는 요리. 그 요리엔 대부분 마음이 없었고, 마음이 없는 요리에는 온기가 없었다.

　하지만 오키나와에서 맛보았던 음식들은 참 따뜻했다. 팔기 위해 차려낸 음식이 아닌 먹이기 위해 차린 음식. 누군가가 나를 생각하며 만든 요리 같은 것. 그중 아메리칸 빌리지의 제타 버거 마켓에는 단 한 사람을 위해 만든 따뜻한 수제 버거가 있었다. 나만을 위한 따끈한 버거 하나가 상 위에 놓였고 나는 "맛있다, 맛있다" 소리 내어 말하며 한 입씩 아껴 먹는다. 마음이 담긴 요리는 맛도 좋아서 흔적도 없이 사라진다. 먹는 이로서 마음을 다하는 것은 깨끗하게 비운 그릇을 만든 이에게 내미는 일이다.

　만드는 사람이 있고 먹는 사람이 있다. 세상 모든 요리가 갖는 그 당연한 전제를 그제야 문득 깨닫는다. 돌아가면 요리를 해야지. 누군가를 위한 요리. 맛있다는 말 한마디와 깨끗하게 빈 그릇이면 나도 웃을 수 있는 그런 요리를. 그래서 오키나와 이후의 날들에는 '요리'가 있다. 가끔은 스스로를 위한 요리를, 가끔은 친구를 위한 요리를 한다. 좋아하는 사람들을 위해 요리를 하다보면 음식이 타지 않게, 붇지 않게, 질겨지지 않게…… 온 마음을 다 쓰게 된다. 마음을 쓰는 만큼 요리는 따끈해진다. 엄마가 해주는 밥을 매일 먹었던 날들이 내게도 있었다. 엄마가 만드는 밥은 늘 따뜻했다. 돌이켜보면 그 밥에 얼마나 많은 마음이 담겨 있었을까.

　그날 그때 그 버거가 어땠기에 그러냐고 묻는다면 '그 햄버거의

실내와 실외 좌석이 모두 마련되어 있으니 마음에 드는 자리를 골라보자.

핵심은 구운 파인애플이었지!' 하고 눈을 반짝이며 말할 것이다. 알맞게 구워진 파인애플을 아스슥 베어 무는 상상을 하면 금세 오키나와로 돌아간다. 슬며시 다시 눈을 뜨면 오키나와도 따끈한 햄버거도 없지만, 입안 가득 침이 고인다. 언젠가는 제타 버거 마켓 같은 햄버거를 만들어봐야지, 누군가를 위해.

제타 버거 마켓
JETTA BURGER MARKET

오키나와에서 수제 버거의 끝판왕을 만났다! 수제 버거 전문점이
야 한국에도 많이 생겼다지만, 이런 따뜻한 느낌을 받은 적은 없었
다. 제타 버거 마켓은 어쩐지 정말 '나만을 위해' 요리를 했다는 기
분이 드는 햄버거를 내어주는 곳. 수제 버거야 다 거기서 거기가 아
니냐고 묻는다면, 제타 버거 마켓에 가서 햄버거를 맛보시길 바란
다. '좋은 음식, 좋은 음료'를 제창하는 가게 요리사들의 열기가 조
리장을 헤치고 나오는 게 느껴질 것. 그래서 유독 그 햄버거를 잊을
수가 없다. 시원한 에어컨이 있는 실내 테이블 대신 자연 바람이 부
는 야외 테이블에서 식사를 했던 탓에 더욱 오키나와스러웠던 햄
버거의 맛.

주소 沖縄県 中頭郡 北谷町 美浜 9-19 distortion fashion BLD
2F(오키나와현 나카가미군 차탄초 미하마 9-19 디스토션 패션 빌
딩 2층)

전화번호 098-989-5123

운영 시간 10:00~24:00(마지막 주문 23:00)

휴무일 연중무휴

메뉴 하와이안 DX 버거(치즈+아보카도+파인애플+달걀) 864엔,
텍사스 엑스트라 버거(엑스트라 치즈+베이컨+달걀) 864엔, 데리
야키 치킨 사무라이 버거(데리야키 치킨+데리야키 소스) 702엔 등

찾아가기 미하마 아메리칸 빌리지 입구에서 큰길을 따라 300미터
직진하여 오른쪽 구역. 시계탑 뒤편 디스토션 패션 빌딩에 위치.

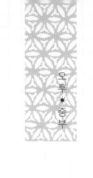

힐튼 호텔 앞 포터링

아, 이게 생시다!

구운 파인애플의 풍미가 깊었던 햄버거도 맛있게 먹고, 미국식 소품들과 오키나와에 잘 어울리는 옷들을 신나게 구경하고, 관람차 앞에서 열린 공연까지 볼 때쯤, 문득 이 오키나와식 주말 나들이가 지루해졌다. 현지 사람들의 일상이 가득한 공간인지라, 여행자인 내게는 어쩐지 딱 2퍼센트가 부족했던 것이다. 문득 여행을 반전시키는 한 가지 방법이 떠올랐다.

　일상의 풍경들을 환기시키는 데에는 자전거가 제격이다. 자전거를 타면 눈높이가 바뀌고 속도가 바뀐다. 걸을 때와는 완전히 다른 시야를 갖게 되는 것이다. 그러면 그때부턴 걸을 때 보이지 않던 세계가 나타난다. 자전거 타기가 즐거운 이유는 그 때문이다.

아메리칸 빌리지 입구 쪽, 스타벅스 옆 건물에 위치한 관광정보센터에 가서 자전거를 빌릴 수 있었다. 영문 이름과 휴대전화번호를 메모하고 500엔을 내니, 자전거가 생겼다! 자, 부족했던 2퍼센트를 채우기 위해 처음부터 다시 시작하는 거다, 아메리칸 빌리지.

더 멀리, 더 멀리 가보자 하고 발을 구른다. 걸어서 가기엔 조금 멀어서 엄두가 나지 않았던 곳까지 자전거를 타고 샅샅이 쏘다녔다. 이온 쇼핑몰 쪽 길은 시시하게 주차장에서 끝나버렸고, 그 반대쪽 길은 걸어다니는 사람이 많아 자전거로 다니기엔 불편했다. 결국 마지막 선택, 바닷가를 향해 발을 굴리기 시작했다. 자전거를 타고 바다로 간다.

탁 트인 풍경이 질주 본능을 깨우는 곳.

　　뒷길로 올라가니 생각보다 쉽게 무언가가 나타났다. 자전거 타기에 부담이 없는 매끈한 길이 나타난 것이다. 거대한 힐튼 호텔 앞 곧게 뻗은 길과 초원. 호텔 측에서 숙박인들을 위해 건물에서 바닷가까지 길도 닦고, 나무며 풀이며 단정하게 가꾸어둔 것 같았다. 걷기에도 자전거를 타기에도 좋은 길이었다. 덕분에 신나게 달린다. 뒤도 돌아보지 않고 바다를 향해 달리다보니 눈에 보이지 않는 투명한 벽을 통과한 듯, 나는 '빠져나와' 있다.

　　바닷가. 낚시를 즐기는 아저씨. 스케이트보드를 타고 노는 청년들. 자전거 묘기를 연습하는 남자애들. 텐트를 치고 바다를 감상하는 가족. 그 모두를 지나 나는 쌩쌩 달린다. 부서지는 햇빛, 짜지 않은 바

바다 쪽에서 해가 지기 시작한다.

람, 느린 구름, 길어지는 그림자.

　　그러다 바다와 눈이 마주쳤다. 구름과, 배와, 물 위로 반사된 햇살과. 이끌리듯 바다를 향해 더 가까이, 가까이 갔다. '이게 행복이구나!' '이게 아름다움이구나!' 하고 사소하지만 만나보기 어려운 단어들을 새롭게 깨친다. 그래 정말 아름다워서 눈물이 났다. 지금 이 순간 여기 오키나와 아메리칸 빌리지 바닷가에 있다는 사실만으로 감사해 눈물겨웠다. 나는 찔끔 울어버렸다. 아름다움이 촉촉하게 눈가에 걸려 있었다. 아, 이게 생시다!

259

차탄초 관광정보센터

北谷町観光情報センター, 차탄초 칸코죠호 센타

미하마 아메리칸 빌리지 내에 있는 관광정보센터. 수하물 보관, 자전거·유모차·휠체어 대여 등이 가능하고 깨끗한 화장실도 이용할 수 있다. 물론 그냥 잠시 쉬어가는 휴게실로 삼아도 된다. 직원에게 버스 노선 등 여행 정보를 물어도 친절하게 설명해준다. 이곳에서 영문 이름과 휴대전화번호를 알려주고 500엔을 내면 바로 자전거를 빌려 포터링을 즐길 수 있다. 미하마 아메리칸 빌리지 내에는 걸어 다니는 사람들이 많고 중간중간 신호등이 있기 때문에 자전거 타기에 적합하지 않고, 관람차를 등지고 바다를 향했을 때 북동쪽으로 가면 힐튼 호텔* 앞 공터가 나온다. 특급 호텔 주변이라 그런지 길이 (자전거 타기 좋게) 깨끗하게 포장되어 있어 바다와 초원이 어우러진 특급(!) 풍경을 감상하며 자전거를 탈 수 있다.

* 힐튼 호텔Hilton Okinawa Chatan Resort:
沖縄県 中頭郡 北谷町 美浜 40-1(오키나와현 나카가미군 차탄초 미하마 40-1)

주소 沖縄県 中頭郡 北谷町 美浜 16-2(오키나와현 나카가미군 차탄초 미하마 16-2)

전화번호 098-926-4455

운영 시간 10:00~19:00

휴무일 연중무휴

찾아가기 관람차가 있는 사거리에 위치한 스타벅스 옆 건물 1층. 힐튼 호텔 앞 공터는 미하마 아메리칸 빌리지 입구에서 큰길을 따라 300미터 직진하면 나오는 차탄공원 반대쪽(오른쪽) 길을 따라 200미터 정도 더 가면 주차장을 따라 펼쳐진다.

Tip
목적 없이 달린다, 포터링

포터링ポタリング, pottering은 빈둥거리다는 뜻의
'potter(=putter)'와 자전거 타기라는 뜻의
'cycling'이 합쳐진 말로 자전거 산책을 의미한
다. 목적지나 주행거리를 정하지 않고 자전거를
타고 마음 내키는 대로 달리는 것을 뜻하는데,
일본에서 이 표현이 만들어져 쓰이고 있다.

    일본은 국민의 70퍼센트 이상이 자전거
를 이용하는 아시아 1위의 자전거 대국이다. 일
본에 자전거 문화가 발달하게 된 것은 여러 가지
이유가 있겠지만, 아무래도 대중교통이 비싼 편
이기 때문일 것이다. 하지만 동시에 자전거 문화
를 뒷받침해주는 정책들도 잘 마련되어 있다. 일
단 자전거를 구입한 후에는 반드시 자전거를 등
록해야 한다. 500엔을 내면 지역과 번호가 적
힌 스티커를 자전거에 붙여준다. 자전거 등록제
덕에 자전거를 잃어버린 후에도 40퍼센트가 넘
는 회수율을 보인다고 한다.

    또 안전을 위한 다양한 규칙이 정해져 있
는데, 주행중에 휴대전화를 사용하거나, 이어폰
을 꽂고 음악을 듣거나, 우산을 들고 한 손으로
타는 것이 금지되어 있다. 또 야간에는 반드시
라이트를 켜야 한다. 이런 사항들을 지키지 않으
면 벌금을 물게 된다.

Tip
오키나와의 자판기

··

땀을 많이 흘릴 수밖에 없는 오키나와의 여름 날
씨에는 틈틈이 음료를 마셔 수분을 보충해야 한
다. 음료는 필요할 때 그때그때 사 마시는 것이
더 좋다. 여행을 하다보면 전날 숙소로 돌아가며
사뒀던 음료를 다음날 들고 나오기도 한다. 하지
만 오키나와에서는 날씨 탓에 음료가 금방 미지
근해지고 자주 갈증이 일기 때문에 그냥 그때그
때 시원한 물을 사 마시는 것이 훨씬 기분도 좋
고 갈증 해소에도 좋다. 편의점을 찾아야 하는
것에도 걱정 없다. 오키나와에는 곳곳에 자판기
가 설치되어 있기 때문이다. 모노레일 역에도,
플랫폼에도, 각 건물의 1층 (심지어 건물 밖에!)
등등 눈만 돌리면 쉽게 자판기를 찾을 수 있다.
때문에 시원한 음료를 구하는 일이 어렵지 않다.
자판기를 찾아 꾸준히 수분을 보충해주자. 자판
기는 심지어 이런 곳에도 있다!

오루·중부

선셋 비치

해가 사라진 자리

리처드 링클레이터 감독의 영화 비포 시리즈 3부작 중 〈비포 선셋〉
을 좋아한다. 세월을 건너 재회한 두 사람이 엄청난 양의 대화를 쏟
아내고, 셸린느(줄리 델피)의 집으로 가서 벌어지는 마지막 장면들
이 좋다. 셸린느가 기타를 연주하며 제시(에단 호크)에게 노래를 불
러주는데, 망설이듯 "little…… Jessi" 하고 제시를 꼬시는(?) 장면이
참 귀엽다. 이 영화 덕에 '선셋Sunset'이라는 말은 상당히 이국적이면
서도, 적당히 낯설지도 않은 말이 됐다. 해가 지기 전에 바지런히 서
로의 맘을 확인해야 했던 그 두 사람을 떠올리면 말이다. '선셋 비치'
라는 이름을 듣고도 괜스레 기분이 좋았다. 해가 넘어가는 해변에서
셸린느와 제시를 만날 것 같은, 그들과 나란히 앉아 지는 해를 보게
될 것 같은 예감.

　　아메리칸 빌리지의 선셋 비치는 이름만큼이나 해넘이가 아름
다운 곳이다. 해가 언제부터 넘어가는지는 이미 몸으로 알고 있었다.
일몰을 놓치지 않기 위해 서둘러 자전거를 반납하고 선셋 비치를 향
해 간다. 사람들은 지는 해를 보기 위해 벌써 방파제 위로 가 앉아 있
다. 나도 사뿐, 그들 틈에 앉았다. 해는 바다를 향해 이만큼 내려와 있
다. 서로의 곁에 앉아 우리는 해넘이를 기다렸다.

　　가만히 생각해보니 제대로 된 일몰을 보는 건 처음이었다. 일
몰을 보겠다고 작정하고 떠날 때면 날이 흐린 탓에 구름 사이로 얼핏
얼핏 해가 보이다가, 완전히 넘어간 줄도 모르고 붉은 기운만 보고
있으면 몰래 하늘이 검어지는 식이었다. 그런데 오늘의 해는 완전히
동그랗게, 가리는 구름도 없이 하늘에 걸려 있다. 아래로, 아래로 떨

어지기 시작했다.

　　해는 금세 바다에 가 닿았다. 그러더니 아주 빠르게 모습을 감추기 시작했다. 어느 틈에 해는 반만 남았고, '아, 반달도 아닌 반해구나!' 감탄하는 사이에 더 사라졌고, 조금 더 사라지더니 결국엔 눈썹만큼 남았다. '그럼 이건 눈썹달이 아닌 눈썹해구나' 생각하는데 또, 또 해가 움직였다. 해는 정말 눈썹만큼 실만큼 가늘게 남았다가, 사라졌다.

　　해가 사라진 자리에 붉은 해의 자국만 남았다. 하늘은 금세 해의 흔적을 잊고 검게 변할 것이다. 하늘이 완전히 검게 변하기 전에 내가 할 수 있는 일은 '거기에 해가 있었지' 되새기는 일 뿐. 해가 사

라진 자리를 바라보며 해가 지기 전 5분을 되감아본다. 일몰 5분 전, 내 옆에는 셀린느와 제시가 앉아 있었다.

　〈비포 선셋〉의 마지막 5분처럼 지나간 일몰 전 5분. 딱 5분이었다. 숨을 죽이고 앉아 해가 남김없이 넘어가는 모습을 모두 지켜보기까지 딱 5분이 걸렸다. 조금이라도 늦게 선셋 비치로 갔다면 나는 생에 가장 아름다웠던 일몰을, 가장 먹먹했던 해의 풍경을 보지 못했을지도 모른다. 5분은 짧거나 긴 시간이기보다 결정적인 시간이었다.

선셋 비치
サンセットビーチ

수심이 깊지 않은 인공 해변으로, 미하마 아메리칸 빌리지 내 차탄 공원(北谷公園, 차탄코엔) 안에 위치한다. 이름과 같이 바다에서 보이는 석양이 아름다운 것으로 유명하다. 이 석양을 보기 위해 미하마 아메리칸 빌리지에서 쇼핑을 하며 시간을 보내고, 해변 근처에서 저녁식사를 하는 현지인들도 많다. 동그랗게 말린 모양의 해변이 '선셋 비치'이지만 해변에 앉았을 때 보이는 방향에서는 해가 넘어가는 모습이 잘 보이지 않고, 불룩 뛰어나온 방파제 쪽 바다에서 해가 넘어간다. 해 질 시간이 다가오면 사람들이 하나둘 방파제 위로 가 앉기 때문에 해지는 방향이 어디인지는 알기 쉬울 것!

주소 沖縄県 中頭郡 北谷町 美浜 2(오키나와현 나카나미군 차탄초 미하마 2)

전화번호 098-936-8273

운영 시간 따로 없음, 수영 가능 시간은 8:00~18:00

휴무일 연중무휴, 해수욕장 개장은 4~10월

홈페이지 www.uminikansya.com

입장료 무료

시설 매점, 탈의실, 화장실, 바비큐, 코인 라커(200엔), 샤워장(3분에 100엔), 비치베드(1,000엔), 파라솔(1,500엔), 해파리 방지 그물 등

찾아가기 미하마 아메리칸 빌리지 입구에서 큰길을 따라 350미터 직진하면 차탄공원이 나온다. 바다를 향하는 쪽으로 조금만 들어가면 정면에 위치.

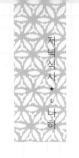

저녁식사 ★ @나하

보라쵸스

진짜 오키나와 사람을 만났다

'우치난츄ウチナンチュ'라는 말은 오키나와현과 아마미 제도에 주로 정
착해 살아오고 있는 류큐인琉球人을 뜻한다. 좁은 의미로는 류큐인 중
에서도 오키나와 섬에 거주하는 '오키나와 사람'을 의미하는 말이다.
우치난츄는 대부분 밝고 친절하다던데, 과연 그들은 그랬다. 그러나
사실은 여행자로서의 나는 단 한 번도 진짜 오키나와 사람을 만나지
못했다. 내가 만날 수 있는 오키나와 사람들은 모두 어떤 '일'을 하고
있는 사람들이었다. 가게에서 물건을 팔거나 요리를 하는, 혹은 안내
를 해주는. 밝고 친절하지 않을 수가 없는 사람들. 그게 그들의 일이
고, 나는 손님이니까.

　　저녁 시간을 한참 지난 시간, 식당 보라쵸스를 찾아간다. 국제 거리 큰길에서 얼마 멀지 않은 곳인데도, 큰길을 조금 벗어나니 분위기가 훨씬 개운하고 좋다. 관광지 특유의 들뜸이나 어수선함을 벗어낸 길, 그 뒷골목에 멕시칸 스타일의 식당 보라쵸스가 있다. 멕시코 분위기를 한껏 살린 식당 안에는 큰 테이블이 더 많아서 혼자 앉기로는 주방 앞 바가 훨씬 낫다.

　　그날은 내 또래로 보이는 남자애와 여자애 둘이서 칵테일을 마시고 있었다. 쭈뼛쭈뼛 곁으로 가 앉아 타코라이스와 맥주를 주문했다. "여행하는 중이야?" 옆 자리의 여자애가 말을 걸어왔다. 처음부터 내가 일행이었던 것처럼 자연스럽게 세 사람의 대화가 시작됐다. 그 애는 어디에서 왔느냐, 언제 왔느냐, 어디에 가보았느냐 이것저것

묻는다. 부지런히 대답을 하다가 나도 묻는다. "너는? 오키나와 사람이야?"

　　그 애들은 '진짜' 오키나와 사람이었다. 그간 여기저기를 다니고도 진짜 오키나와 사람은 만나보지 못했다고 생각했는데, 어느 밤 뒷골목 멕시코 분위기의 식당에서 타코라이스를 먹다가 진짜 오키나와 사람을 만난 것이다. 그 애들은 내가 일본 사람인 줄 알았다고 했다. 아무래도 저이들의 아지트 격인 공간에 내가 혼자 밥을 먹으러 왔기 때문이었을 것이다. 큰길의 관광지 식당은 가고 싶지 않아서 골목 식당을 찾아다녔던 것인데, 손님 중 대부분이 현지 사람인 식당이었다. 현지인들이 두고두고 찾아오는 비밀스러운 공간 그리고 단골손님들.

　　따끈한 타코라이스가 나오자 "와아" 하고 기쁨의 감탄사가 절로 나왔다. 바 안쪽에 있던 가게 언니가 바깥쪽으로 나와 타코라이스를 비벼주겠다고 숟가락을 든다. 숟가락을 푹 꽂아 밥 한쪽을 무너뜨린다. "안 돼 안 돼 사진!" 여행자인 내가 울상을 짓자 언니는 큭큭 웃으며 넘어뜨렸던 밥 한 쪽을 예쁘게 다시 세워 다져준다. 넘어뜨린 걸 다시 세우는 모습에 웃음이 터져 사진 찍기를 포기한다. 언니는 다시 타코라이스를 슥슥 비비기 시작한다. 살뜰한 손길이 담긴 타코라이스. 한 숟가락 푹 떠서 입에 넣는다. 기분좋은 맛이다. 옆자리 여자애는 맛있다며 웃는 내게 "어때? 맛있어?" 하고 동그란 눈을 하고 묻는다.

"응, 진짜 진짜 맛있어!"

이쯤에서 나는 맛있는 타코라이스보다도 눈앞에 놓인 타코라이스를 슥슥 비벼주던 오키나와 언니가 좋아지고, 혼자서 식사를 하는 내게 계속 말을 걸어오는 그 애들이 좋아진다. 오키나와 사람들은 이렇구나. 꼭 오래된 친구나 언니 오빠 같구나. 이렇게나 살갑게 말을 걸어오고, 눈을 마주보고, 내가 느끼는 것들을 궁금해하는구나. 그러곤 저렇게 커다랗게 웃는구나. 예쁜 사람들, 우치난츄.

숟가락으로 일으켜 세운 비운의 타코라이스.

보라쵸스
Borrachos

....

'타코라이스タコライス'는 치즈, 양상추, 토마토, 고기 등을 쌀밥 위에 올린 오키나와 요리이다. '타코'는 멕시코의 대표적인 대중 음식 중 하나로, 토르티야'에 채소, 해물, 고기 등 여러 가지 요리를 넣어 살사 소스와 함께 싸서 먹는 것을 말한다. 원래는 멕시코 음식이지만 미국으로 전파되어 미국인들의 생활에서도 빼놓을 수 없는 음식으로 자리했고, 태평양 전쟁 당시 미군이 오키나와에 주둔해 있는 동안 오키나와에 전파되었다. 타코가 오키나와 스타일로 변형된 것이 타코라이스인 것이다. 즉 타코라이스의 원조는 오키나완 것! 오키나와의 많은 식당에서 타코라이스를 맛볼 수 있지만, 정통 멕시칸 요리 전문점인 이곳 '보라쵸스'에서는 진짜 중의 진짜 타코라이스를 맛볼 수 있다. 국제거리 큰길에서 멀지 않아 찾아가기도 쉽고, 다양한 종류의 칵테일도 수준급으로 내어주기에 여행지의 밤 분위기를 제대로 즐길 수 있는 곳이다.

+토르티아Tortilla' 옥수수 가루와 밀가루를 반죽하여 얇게 펴서 구워 만든 조각

주소 沖縄県 那覇市 牧志 1-3-31 太平ビル 1F (오키나와현 나하시 마키시 1-3-31 타이헤이 빌딩 1층)

전화번호 098-943-4488

영업 시간 월~토요일 17:00~29:00, 일요일과 공휴일 17:00~26:00

휴무일 연중무휴

홈페이지 borrachos.jp

메뉴 타코라이스 1,100엔, 멕시코 립아이 롤 스테이크 1,100엔, 브리또 1,200엔 등

찾아가기 모노레일 겐초마에 역 하차 후 서쪽 출구로 나간다. 큰 사거리가 나올 때까지 100미터 정도 직진 후 왼편 국제거리에서 마키시 역 방향으로 직진. 스타벅스가 위치한 삼거리에서 좌회전(오키에이오도리沖映大通り 방향) 후 150미터 정도 직진하면 왼쪽으로 작은 골목이 등장한다. 보라쵸스는 그 골목 초입에 위치한다.

Tip
당신을 반기는 인사, 멘소-레!

오키나와어(沖繩口, 우치나구치)는 류큐어의 한 갈래로, 크게 중부 방언과 남부 방언으로 나뉜다. 류큐어의 방언 가운데서는 가장 많은 사람들(약 90만 명)이 사용하는 언어이다. 류큐왕국은 1879년까지는 독자적인 나라였기 때문에, 류큐어 또한 모음의 활용 등 몇 가지 면에서 본토 일본어와는 차이가 있었다. 그러나 류큐왕국이 일본 본토에 병합된 이후에 메이지 정부의 표준어 도입 정책에 따라 방언박멸운동이 전개되며 사용자가 줄었다. 때문에 현재 오키나와에서는 대부분 본토의 일본어를 사용하며, 오키나와어는 일부 문학작품 및 공연 예술을 통해 접할 수 있게 됐다. 실제 사용하는 사람들이 있다 해도 고령자들뿐이라, 오키나와어는 사어死語가 될 위기에 처해 있다.

오키나와인 / ウチナンチュ / 우치난츄

어서 오세요. 환영합니다. / めんそーれ / 멘소-레

안녕하세요?(남성) / はいさい / 하이사이

안녕하세요?(여성) / はいたい / 하이타이

안녕하세요.(아침 인사) / 起きみそーちー / 우끼미 소-찌-

처음 뵙겠습니다. / 初みてぃやいびーん / 하지미티 야이비-잉

이름이 무엇입니까? / う名前や何やいびーが? / 우나메야 누 야이비가?

잘 부탁드립니다. / ゆたしくうにげーさびら / 유타시쿠우니게-사비라

잘 먹겠습니다. / くゎっちーさびら / 콧치사비라

잘 먹었습니다. / くゎっちーさびーたん / 콧치사비탄

실례합니다. / 御無礼さびたん / 구부리사비탄

죄송합니다. / 悪さいびーん / 왓사이-빈

감사합니다. / 御拝でーびーる / 니페-데-비루

안녕히 계세요. / 行じ来ゃーびら / 은지차비라

'멘소레'는 언제 어디서나 우리를 반기는 오키나와식 환영 인사.

Day 6.

나하

모노레일을 이정표 삼아 달리는 마지막 자전거 산책

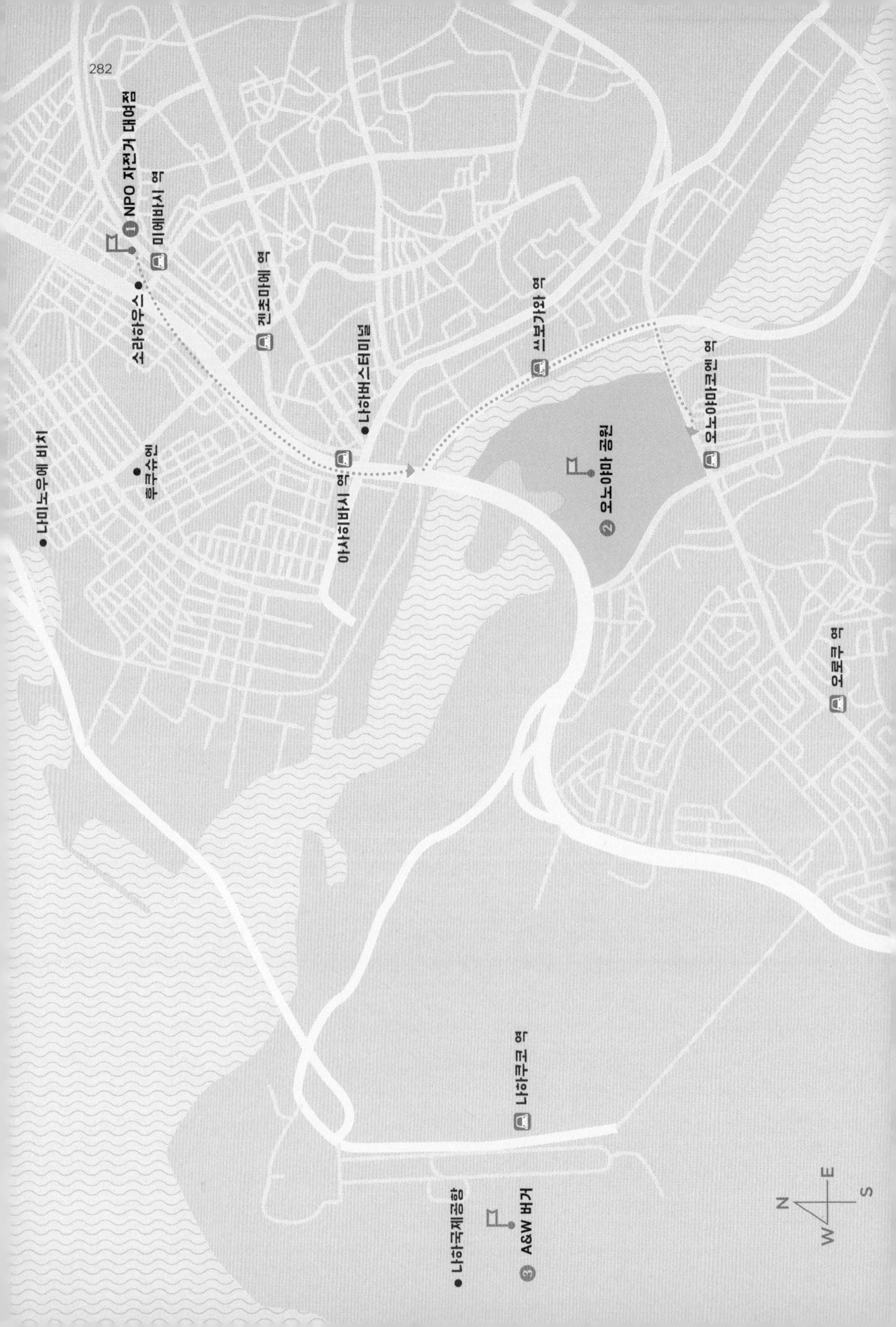
1 NPO 자전거 대여점
미에바시 역
소라하우스
겐초마에 역
나하버스터미널
아사히바시 역
쓰보가와 역
오노야마코엔 역
2 오노야마 공원
후쿠슈엔
나미노우에 비치
오로쿠 역
나하쿠코 역
나하국제공항
3 A&W 버거
N
E
S
W

마지막 날은 예매한 비행기 항공사에 따라 출국하는 시간에 차이가 있을 것이기에 상황에 맞게 시간을 활용하고 떠나자. 이 일정을 따라 오전에 자전거 산책을 해도 좋지만, 비행기 시간이 이른 경우 국제거리에 들르거나 공항에 일찍 가서 지인들에게 줄 기념품을 구입하는 것으로 시간을 보내도 좋을 것이다. 나하국제공항의 국제선 출국장은 규모가 아주 작기 때문에 기념품 구입을 미리 해두는 편이 나은데, 꼭 출국 직전이 아니더라도 일정 동안 저녁 시간을 활용해 선물을 미리 사두는 것이 좋을 것이다.

　　미에바시 역에서 시작한 자전거 산책은 모노레일 노선을 따라 오노야마 공원까지 이어진다. 특별한 명소가 있는 것은 아니지만, 오키나와를 떠나기 전 오키나와 사람들의 일상적인 공간을 흠뻑 느끼고 갈 수 있다. 일본은 우리나라와 자동차 주행 방향이 반대이기 때문에 자전거를 탈 때에도 차가 다가오는 방향에 주의를 기울여야 한다.

　　마지막 식사는 나하국제공항 국내선에 위치한 A&W버거에서 하지만, 실망할 것 없다. A&W버거 나하쿠코 점에서는 커다란 창밖으로 이착륙하는 비행기의 모습을 볼 수 있어 그 자체로도 여행자의 감성을 뒤흔드는 재미난 볼거리가 되기 때문!

시간	위치	장소	이동 방법
	(이동)	모노레일	모노레일을 타고 겐초마에 역 하차 후 도보 2분.
오전	나하	나하 시내 포터링	
	나하	오노야마 공원	
	(이동)	모노레일	모노레일을 타고 나하쿠코 역 하차.
점심식사	나하	A&W버거	

나하 시내 포터링

몇 월 며칠도 아닌 바로 오늘

여행을 하는 동안에는 날짜가 쉽게 사라진다. 게다가 요일 같은 건 존재했는지조차 가물가물해진다. 여행을 하는 동안에는 오롯이 자신의 전체 여행 기간만이 남는다. 첫째 날, 둘째 날…… 여행에는 일상도 없고 날짜도 요일도 없다. 여행이 갖는 것은 오늘 '하루'와 내가 여행해온 날들뿐이다. 그래서 여행하는 동안에는 출퇴근 시간에 지하철을 타놓고 '아침부터 왜 이렇게 사람이 많지?' 하는 의문을 품을 때도 있고, 유난히 들뜬 분위기의 거리를 걷다가 '오늘이 토요일이었구나' 하는 식으로 문득 요일 감각이 돌아올 때가 있다. 요일은 여행자의 것이 아니라 생활자의 것이다. 요일은 여행하는 데 필요한 것이 아니라 생활하는 데 필요한 것이다.

　　지난밤 일기를 쓰겠다고 펜을 손에 쥔 채 잠이 들었나보다. 잠에서 깨 눈을 떠보니 연습장 위에 의미를 잘 알기 어려운 말들이 조각조각 쓰여 있다. 아마 꿈결에 일기를 쓴 모양이다. 날짜도 요일도 사라진 어느 아침, 오키나와 여행의 '마지막 날'만 남은 날, 아침 일기를 쓴다. 오키나와에서 수집한 단어들로 아침 일기를 완성하고 나니, 오키나와의 한 자락을 더 담고 싶다는 마음이 간절해진다. 결국 미에바시 역 근처에 있는 자전거 대여점에서 자전거를 빌렸다. 한 발 한 발 페달을 굴려 내가 미처 보지 못했던 나하의 표정을 천천히 음미하고 싶었다.

　　모노레일 길을 이정표 삼아 달린다. 나하 시내에선 어쨌든 모노

레일로 통하니, 무작정 모노레일 방향을 따라가봤던 것인데 오노야
마 공원에 도착했다. 오키나와 사람들의 일상이 넘치는 곳. 산책이나
운동을 하러 나온 주민들 틈으로 나도 자연스레 녹아들었다.

　　나는 지금 여기, 오노야마 공원을 달리고 있고 거기엔 어떤 목적
도 없다. 그냥 자전거를 타고 놀고 있는 것이다. 놀이하는 여행, 목적
을 거세한 여행, 급할 것 없는 여행, 느린 여행. 나는 지금 만끽하고 있
다. 더도 덜도 없이 온전히 느끼고 있다. 요즘의 여행 속도는 너무 빠
르다. 목적지도 많고 목적도 많다. 목적지에서 목적지로, 또 어떤 목적
에서 목적으로 쉴새없이 이동하며, 사람들은 무엇을 보고 어떤 생각
을 했을까. 무엇인가를 만끽하기에는 너무 빠른 속도가 아닐까.

　　그래서 나는 목적지가 많지 않은, 목적지를 향해 가는 과정을

자전거 산책을 하니 비로소 동네 사람들의 일상이 보인다.

음미하는 여행을 하고 싶었다. 날짜도 요일도 없는 날, 알람 없이 느지막하게 일어나 아침 일기를 쓰는 여행. 동네 사람들처럼 산책과 운동을 즐기는 여행. 골목골목 위치한 작은 편집숍에서 시간을 보내는 여행. 태평양에 발을 담그고 오래 걸어보는 여행. 자전거를 빌려 지도 없이 모르는 길로 막 발을 굴려보는 여행. 그런 오키나와 여행이길 바랐다. 몇 월 며칠도 아닌 바로 오늘 여기에 있고 싶어서, 만끽하고 싶어서 말이다.

NPO 법인 자전거 대여점

NPO法人しまづくリネット, NPO 호진시마즈쿠리넷토

···

"지구 온난화 방지는 우리 지구 시민 모두의 책임입니다!地球温暖化防止は私た
ち地球市民一人ひとりの責務!'라는 구절이 간판에 적혀 있는 착한 목적의 자전
거 대여점. 앞서 소개한 게스트하우스 소라하우스에서 아주 가까운 곳, 미
에바시 역 바로 앞에 NPO 자전거 대여점이 있다. 모노레일 미에바시 역 북
쪽 출구로 내려와 왼쪽 건널목으로 건너 오른쪽 교량을 건너가면 정면에
위치한다. 대여점에서 바로 빌릴 수도 있고 이름, 휴대전화번호, 이용 시작
날짜 및 시간, 이용 종료 날짜 및 시간, 이용하는 자전거의 종류와 각 종류
별 대수를 이메일shimadukuri@gmail.com로 보내 예약할 수도 있다. 대여시
보증금으로 3,000엔을 받는데, 자전거를 반납할 때 전액 돌려준다.

주소 沖縄県 那覇市 前島 1-1-5(오키나와현 나하시 마에지마 1-1-5)

전화번호 098-862-1852

운영 시간 10:00~18:00

휴무일 연중무휴(태풍 접근 등 악천후에 휴무, 홈페이지에 공지)

홈페이지 shima.p-kit.com

가격 30분~1시간 200에, 1시간~2시간 350엔, 2시간~3시간
500엔 등 이용 시간별로 금액 구간이 나누어져 있다. 하루(1,400
엔), 일주일(4,400엔), 한 달(8,800엔) 단위로도 대여할 수 있
다. 금액 구간표는 홈페이지와 대여점에서 확인 가능.

찾아가기 모노레일 미에바시 역에서 하차하여 북쪽 출구로 나간다.
계단을 내려와서 바로 왼쪽 방향 횡단보도를 건넌 후, 바로 오른쪽
교량을 건너면 정면에 위치. 도보 2분.

Tip
그 외 자전거 대여 가능 정보

1. 렌탈 바이시클 나하那覇の貸し自転車
주소 沖縄県 那覇市 西 1-19-12(오키나와현 나하시 서 1-19-12)
전화번호 098-955-3069
운영 시간 10:00~18:00(비정기 휴무)
홈페이지 rentalbicyclenaha.ti-da.net

2. 오키나와 바이크 인 링크沖縄レンタバイク インリンク
주소 沖縄県 那覇市 辻 2-7-6(오키나와현 나하시 츠지 2-7-6)
전화번호 098-866-3507
운영 시간 10:00~19:00
홈페이지 www.okinawa-rentalbike.com
이메일 info@inlink.co.jp

3. 렌트 어 바이크 어프로レンタバイク アプロ
주소 沖縄県 那覇市 金城 2-18-4(오키나와현 나하시 킨죠 2-18-4)
전화번호 098-852-8198
운영 시간 08:00~20:00
휴무일 연중무휴
홈페이지 www.rentabike-apuro.jp
이메일 info@rentabike-apuro.jp

4. e바이크 포터링 슈리eレンタルサイクル ポタリング首里
주소 沖縄県 那覇市 鳥掘町 1-50-1, 1F(오키나와현 나하시 슈리토리호리초 1-50-1, 1층)
전화번호 098-963-9294
운영 시간 09:30~18:30
홈페이지 pottering-shuri.net/wp
이메일 info@pottering-shuri.net
특이 사항 전동 어시스트 자전거

5. 플래닛 챠오ペダリストクラブ プラネット・チャオ
주소 沖縄県 国頭郡 恩納村 真栄田 1424-2(오키나와현 구니가미군 온나손 마에다 1424-2)
전화번호 070-6521-5141
휴무일 연중무휴
홈페이지 planet.ciao.jp
이메일 planet@et.ciao.jp

오노야마 공원

모래 바람이 불면 눈을 감고 기다려

커다란 인도교를 건너니 오노야마 공원에 오키나와 사람들의 일상이 여기저기 널려 있다. 조기 축구회도 있고, 체육관 건물 앞에는 춤 연습을 하는 여자애들도 있다. 그들을 지나쳐 모래 공터 앞을 지나는데, 갑자기 거센 바람이 분다. 모래 바람이 인다. 나는 제자리에 멈추어서 눈을 감고 기다린다. 그 모든 바람이 지나갈 때까지.

학부 때 존경했던 한 선생님께서는 이런 말씀을 하셨다. "살아가는 일은 견뎌내는 일이다. 그러니 이 시절을 함께 견뎌내는 우리의 만남은 참 대단한 것이다." 그때 '견디다'라는 말이 어찌나 아름답게 들렸던지 노트 한편에 '견디다'라고 적어두고 몇 번을 되뇌었다. 그뒤로도 가끔 선생님의 말을 내 말처럼 써보기도 했다. '나와 함께 삶을 견뎌내주어 고맙다'는 마지막 문장이 담긴 여러 통의 편지.

오노야마 공원 한복판에서 그때 그 강의실로 돌아간다. 세로로 긴 모양이었던 인문대 3층 304호 강의실, 강단 위의 선생님, 하얀 분필, 나른함이 감도는 공기. 거기에서 나는 굳이 제일 앞줄에 앉았고, 앞줄에 앉으면서 매번 졸아서 혼이 났고, 뒷자리 애들은 고개까지 뒤로 넘기며 열심히 졸던 내 뒤통수를 회자해주었다. '오늘은 뭐 하고 놀까?'가 가장 큰 고민이었던 시절, 이렇다 할 걱정도 이렇다 할 책임도 없는 시절이었다. 꼬박꼬박 학교에 와서 친구들과 마음을 다해 놀기만 하면 충분한 하루였다.

불어오는 모래 바람 앞에서 눈을 감고 나와 한 시절을 함께 견뎌준 이들을 생각한다. 그때 그 시절의 우리들이 그리워 허공에 대고

이름을 불러본다. 그 이름을 부를 때 목이 진동하는 느낌을 느끼려고. 다시 귀로 들어오는 이름 소리를 들으려고. 그 진동수를 기억하려고 이름을 불러본다. 아주 오랜만에 부르는 이름도 있어 나는 벅차올랐다. 그저 딱 그만큼의 진동이 필요했을 뿐이었다. 그럼에도 불구하고 호명할 수 없는 이름들이 있었다. 오래된 이름이었다.

눈을 감고 기다린다. 모든 것이 지나가리라. 부를 수 없는 이름을 그리워하는 시간도, 끝내 지나갈 것이다. 지나가길 원치 않아도 지나가버릴 것이다. 그 모든 시간을 나도 당신도 견뎌야 할 것이다. 살아가는 일은 견뎌내는 일이란다. 선생님의 목소리가 들리면, 다시 눈을 뜬다. 두 바퀴 위의 나는 삶을 함께 견뎌준 사람들의 얼굴을 하나하나 떠올리며 바지런히 발을 구른다.

만코 호수와 나하 항을 연결하는 물줄기.

오노야마 공원

奥武山公園, 오노야마코엔

모노레일 '오노야마코엔 역'과 '쓰보가와 역'에 인접해 있는 오
노야마 공원·오노야마 종합 운동장은 1959년 6월에 개설된 오
키나와현 최초의 운동 공원이다. "생활 속에서 스포츠를!"이라는
슬로건 아래 어린이부터 노인까지 모두 즐겁게 참여할 수 있는
스포츠 교실을 운영하고 있다. '산업 축제' '나하 축제' 등의 장
소로도 이용되어 오키나와 현민들이 부담 없이 이용하는 공간으
로 사랑받고 있다. 특히 3만 명을 수용할 수 있는 야구장 '오키
나와 셀룰러 스타디움 나하'가 유명하다. 공원을 둘러싼 조깅 트
랙이 있어 여행자들도 간단한 운동을 즐기기에 좋다. 물론 자전
거 타기에도 더없이 좋은 공원이다.

주소 沖縄県 那覇市 奥武山町 52(오키나와현 나하시 오노야마초
52)

전화번호 098-858-2700

운영 시간 따로 없음

휴무일 연중무휴

홈페이지 www.ounoyama.jp

찾아가기 쓰보가와 역 출입구 앞에 자전거로 통행할 수 있는 인도
교가 있다.

A & W 버거

나는 흙투성이인 채로 오키나와를 떠났다

다시 공항이다. 오키나와를 두고 떠나는 마음이 절절하다고 생각했는데 배고픈 마음이 앞서 햄버거 가게로 들어와버렸다. 햄버거를 기다리며 오키나와 월드에서 녹음했던 '에이사' 음성 파일을 듣는다. 테마파크 특유의 조잡한 느낌 때문에 그다지 매력적이지 않았던 터라 이 책의 일정 중에는 소개하지 않았지만, 그곳에서 본 에이사만큼은 참 좋았다. 오키나와 전통 악기의 선율과 악사 특유의 목소리가 인상적인 공연이었다.

  언젠가 한 시인이 자신만의 여행 기록법에 대해 이야기해준 적이 있다. 그는 사진을 찍는 대신 소리를 녹음한다고 했다. 바람 소리며 말소리며 수많은 소리가 녹음기 속으로 들어와 있었고, 거기엔 생각보다 더 많은 소리가 담겨 있었다고 했다. 그 음성 파일을 재생할

때면 단지 소리뿐 아니라 보았던 것과 맛보았던 것, 맡았던 것, 만졌던 것, 심지어 당시에는 느끼지 못했던 주변의 흔적들까지 모두 생생하게 나타난다고 했다. 들은 것은 본 것보다도 훨씬 생생하게 순간을 되살려내는 힘이 있다고, 시각 대신 청각으로 기록하는 여행을 좋아한다고, 그는 말했다.

    언젠가 그처럼 소리로 기록하는 여행을 떠나보고 싶었는데, 바로 그곳에서 시인의 목소리가 떠올랐던 것이다. "듣는 것은 보는 것보다도 훨씬 생생하게 순간을 되살려내는 힘이 있어요." 녹음해둔 에이사를 다시 들어보니 기대 이상, 정말 재미있었다. 노래 소리와 박수 소리, 관객들이 환호하는 소리. 그 소리를 들으니 그날의 열기와 에이사 단원들의 행복해하는 표정, 일렁이는 나무, 등을 타고 흐르던 땀의 느

낌까지 생생하게 되살아났다. 기억하진 못하지만 그 순간의 나는 시각이나 청각 외에도 수많은 감각들도 동시에 사용했을 것이다. 사진을 찍을 때는 포기해야만 하는 모든 감각이 고스란히 거기에 있었다.

소리가 기록한 그날을 들으며 아직 끝나지 않은 오늘의 일기를 쓰기 시작한다. '오키나와를 떠나는 날이다.' 이렇게 첫 문장을 쓰고 보니 조금 혼란스럽다. 나는 어디에서 왔고 어디로 가는 거지. 왜 여기를 떠나야 하지. 한국을 떠나왔던 그날은 어디로 갔지. 그렇다면 '한국으로 돌아가는 날이다'가 되어야 맞지 않았을까. '떠나다'라는 말은 철저하게 지금-여기가 기준이 되는 말이기 때문이다. 나는 한국을 떠나 오키나와에 왔다. 이전까지의 맘과 몸이 한국에 있었다는

뜻이다. 맘과 몸은 비행기를 타고 오키나와에 왔다. 오키나와의 별과 바람과 바다에 길들여져 맘과 몸의 뿌리는 오키나와 곳곳에 뿌리를 뻗었다. 이제 스스로에게 마지막 날임을 선고하고 흙 속에 폭 파묻힌 맘과 몸의 뿌리를 캐낸다. 뿌리 여기저기에 묻은 오키나와를 털털, 털어본다. 그러나 뿌리라는 게 뽑아내도 털어내도 어디선가 자꾸만 흙이 나오는 것처럼, 털어도 털어도 오키나와가 나온다.

그래서 나는 한국으로 돌아가는 사람 대신 오키나와를 떠나는 사람이 됐다. 마음의 기준이 여기에 있어 털다가 털다가 다 털어내지 못하고, 흙투성이인 채로 오키나와를 떠났다.

A&W버거 나하쿠코 점
A&W Burger 那覇空港店

1919년 미국 캘리포니아 주 로디에 처음 생긴 A&W버거는 일본
에서는 오키나와에만 지점이 있다. 오키나와에는 1963년에 첫 점
포가 생겨 27개의 점포가 운영되고 있다. 나하국제공항 국내선 건
물에 위치한 A&W버거는 햄버거를 먹는 내내 창밖으로 뜨고 앉는
비행기를 볼 수 있어 특히 분위기가 독특하다.

A&W버거는 루트비어Root beer라는 음료로도 유명한데,
루트비어는 사사프라스sassafras 나무의 뿌리로 만드는 갈색 빛깔
의 미국식 탄산음료이다. 이름은 맥주이지만 알코올 성분이 거의
없다. A&W버거에서 루트비어를 주문하면 계속해서 리필해서 마
실 수 있지만, 그 맛이 오묘하여 한 모금 마셔보고는 더이상 마시
지 못하는 사람들도 있으니 참고하자.

•A&W버거 나하쿠코 점은 국제선이 아닌 국내선 건물에 위치해 있다. 오키나와에
는 일본 본토에서 일본인 관광객이 많이 찾아오기 때문에 국제선 건물보다 국내선
건물이 더 크고 시설도 더욱 다양하게 갖추고 있다

주소 沖縄県 那覇市 鏡水 150, 那覇空港国内線ターミナル
3F(오키나와현 나하시 카가미주 150, 나하국제공항 국내선 터미널
3층)

전화번호 098-857-1691

운영 시간 06:30~20:00

휴무일 연중무휴

홈페이지 www.awok.co.jp

메뉴 비거 멜티 리치 520엔, 모짜 버거 500엔, 치킨 샌드위치
420엔 등(버거 단품에 430엔을 추가하면 프렌치프라이와 루트비
어가 더해진 세트 가격)

기타 신용카드 사용 불가(엔화와 달러 현금 사용)

Tip
예능의 섬 오키나와가 들려주는 '에이사'

류큐왕국이 메이지 시대에 일본 본토와 병합되기 전까지, 오키나와는 일본과 청나라 양쪽 모두의 영향을 많이 받았다. 또한 태평양 전쟁 말기, 미군에 의해 점령된 이후 1972년까지 이른바 '오키나와 반환'이 이루어질 때까지는 미국의 통치를 받았다. 때문에 오키나와에는 다양한 문화가 혼재되어 있는데, 다양한 문화를 유연하게 융합시킨 오키나와의 문화는 '찬푸루 문화(찬푸루는 '뒤죽박죽 섞다' 혹은 '야채 볶음 요리'를 뜻하는 류큐어)'라고도 불린다.

오키나와는 '예능의 섬'이라고 불릴 만큼 노래와 춤이 발달했는데, 산신, 고토, 피리, 북, 고큐 등의 전통 악기로도 유명하다. '빈가타'라고 불리는 빨강과 노랑의 화려한 의상을 입고 우아하게 춤을 추는 류큐 무용뿐만 아니라 중국에서 전해진 것으로 알려진, 다양한 색채의 털을 가진 사자가 춤을 추는 '시사 춤', 웅장한 북의 소리와 '샤미센'이라는 일본전통 현악기의 반주에 맞추어 집단으로 춤을 추는 '에이사' 등 오키나와만의 독자적인 전통예술이 오늘날까지도 전해진다.

특히 '에이사エィサ'라고 불리는 '본오도리(백중맞이 윤무)'가 유명하다. 일본에서는 음력 7월 13~15일에 선조의 영혼을 모시고 집안의 안전과 번영을 비는 '오본'이라는 선조 공양 행사가 열리는데, 일본 각지에서 축제가 열리며 본오도리 춤을 춘다. 오본 시기에는 선조들이 '저세상'에서 집으로 돌아온다고 믿기 때문에, 맞아들인 선조가 무사히 저세상으로 돌아갈 수 있도록 오본 마지막 날에 에이사 춤을 춘다. '미치주네'라고 불리는, 북을 치면서 길을 행진하는 에이사의 모습은 참으로 웅장하다.

에이사는 지역에 따라 스타일이 다양하고, 추석을 전후하여 오키나와 각지에서 에이사 축제가 개최되는데, 나하시 국제거리에서는 '1만 명 에이사 축제1万人のエィサー踊り隊'가 개최된다. '섬 전체 에이사 축제全島エィサー祭り'는 매년 추석 후 주말에 오키나와시에서 개최되어 30만 명이 방문하는 현내 최대의 에이사 이벤트이다.

Tip
출국 전 짐 정리하기 'journey bag'

출국을 앞두고 이런저런 선물과 기념품을
구입하고 나면, 가지고 온 가방에 넣을 수 없는
잔짐이 생기곤 한다. 이런 자잘한 짐들을 손에
들고 다닐 경우 출국 심사를 받을 때나 이동할
때나 이만저만 불편한 것이 아니다. 물론 이런
잔짐을 넣을 만한 커다란 천가방 등을 미리
챙겨가도 좋지만, 미리 준비하지 못했다면
나하국제공항 국내선에 준비되어 있는 여행
가방을 구입해보자. 국내선 A&W버거 앞에
'journey bag'이라고 이름 붙은 가방을
판매하는 자판기가 있다. 개당 1,200엔이다.
가격 대비 성능이 아주 좋은데, 캐리어처럼
바닥에 바퀴가 붙어 있어 무거운 것을 넣고도
이동하기 좋기 때문이다. 여행을 시작하기 전에
미리 사두었다가 숙소에서 짐을 꾸려 공항으로
오는 길부터 사용하면 더욱 편리하다.

Tip
나하국제공항 출국장 이용

도착했을 때와 동일하게 모노레일 나하쿠코
역 하차, 국내선 2층 건물을 통해 1층으로 내려
온다. 국제선 건물 1층으로 들어가 편의점 로손
을 지나 왼편에 위치한 에스컬레이터를 타고 2
층으로 올라가면 된다. 항공사 카운터와 출국
장 모두 2층에 위치한다. 2층에 간단한 기념
품을 살 수 있는 가게가 있지만 종류가 다양하
지는 않다. 출국장 내에 위치한 면세점은 크기
가 아주 작아 최소한의 양주와 담배, 초콜릿,
향수 등만 판매하며, 식당과 매점 역할을 겸하
는 가게 또한 규모가 아주 작다. 나하국제공항
의 국제선은 규모가 작은 편이기 때문에 면세
품을 이용할 계획이 있다면 인천국제공항에서
미리 해결해두는 것이 좋고, 기념품 구입이나
식사 등도 국제선 출국장에 들어가기 전에 마
치는 것이 낫다.

Epilogue

"오키나와에 다녀온 뒤, 나는 전에 없이 즐거워졌다."

오카나와에서 돌아온 뒤 내가 가장 많이 들었던 말은 "좋아 보인다"라는
말이었다. 얼굴이 좋아졌다는 건지 표정이 좋아졌다는 건지 내가 풍기는
분위기가 좋아졌다는 건지, 나는 이전의 나를 보아오지 못했기에
알 수 없다. 나를 밖에서 보아주는 다른 사람들의 말을 빌리면, 내 말과
생각 모두가 좀더 여유로워졌으며, 얼굴 표정 또한 더 행복해 보인다는
것이었다. 그러나 물론 나는 나를 밖에서 느끼지 못하기에,
그냥 그렇구나, 했다.

♥ 좋아요 20개
● minchae 만 명의 사람이 앉을 수 있을 만큼 넓다고 해서
'만좌모'. 버스에서 내리고도 한참을 걸어야 해서 정말 힘들
었다. #20번 버스 #120번 버스 #만좌모 #괜찮아 사랑이야
초원 #오키니와 버스 여행

♥ 좋아요 30개

🔲 minchae 버스를 타고 길게 이동할 때는 틈틈이 책을 읽었다! 멀미를 안 해서 다행이다. #버스 여행 #여행자와 책 #책 읽는 여행

♥ 좋아요 26개

🔲 minchae 한국에서는 양산을 써본 적이 없는데 오키나와에선 매일 양산. 볕이 강렬한 만큼 그림자도 또렷했던 오키나와. #풀잎 그림자 #양산 필수 #모자 필수 #선크림 필수 #오키나와 자외선 #컨버스화

그러던 어느 날 밤, 방에서 혼자 라디오를 듣다가 문득 나를 느끼게 됐다. 재미있는 이야기를 듣거나 즐거운 일을 겪어도 좀처럼 큰 소리를 내어 웃지 않던 내가 라디오에서 나오는 사연을 듣다가 "우하하" 하고 웃고 있었던 것이다(심지어 뒤에 있는 소파로 벌렁 뒤집어지며 배를 치며 웃었다). 그때 나는 '나'를 발견했다. 전에 없이 즐거워져버린 나. 큰 소리로 웃는 나. 별것도 아닌 이야기들이 재미있는 나. 한번 더 웃는 나. 이해하는 나. 기다리는 나. 한결 가뿐한 나. 조급할 것 없는 나. 행복이 무엇인지 알고 달게 맛보는 나. 나, 나는 나를 발견했다.

그것이 태양이 작열하는 오키나와의 기운 때문이라 믿는다. 거짓 없는 말간 얼굴의 태양, 그 아래에서 뜨겁게 생동했던 오키나와. 조금은 고통스럽기까지 했던 따사로운 오키나와의 볕이, 마음속 축축했던 것들까지 모두 바싹 말려버렸구나. 기분 좋게 바싹 마른 빨래를 안을 때처럼 내 마음도 바스락바스락거리는구나. 그래서 나는 이렇게나 즐겁구나.

♥ 좋아요 37개

minchae 편의점 도시락조차 맛있다! 사랑합니다 오키나와. #밥 밥 #일본 도시락 #편의점 도시락 #오키나와는 사랑입니다

♥ 좋아요 57개

minchae 오키나와에선 매일 든든하게 먹고 오래 걸었다. 생경했던 길을 발걸음으로 기억하게 됐을 때, 나만 아는 샛길이 생길 때, 나는 뚜벅이 여행이 더 좋아진다. #오키나와 뚜벅이 #뚜벅이 여행 #걷는 여행 #샛길

♥ 좋아요 42개
minchae 정열의 꽃! 오키나와에는 새빨간 히비스커스 꽃
이 지천이다. 새빨간 꽃잎이 그리울 거야…… #히비스커스 꽃
#오키나와 빨간 꽃 #오키나와 거리에 핀 꽃 #정열의 꽃

♥ 좋아요 22개
minchae 정열의 꽃을 입은 사람들! 오키나와에는 히비스
커스 꽃무늬 셔츠를 입은 사람들도 지천이다. #오키나와 셔츠
#오키나와식 하와이안 셔츠 #히비스커스 셔츠 #꽃무늬 셔츠 #
남녀불문

그 오키나와 볕이 그리워서, 자주 앓았다. 어떤 날은 씻는 것도 아까웠고
손톱을 깎는 것도 아까웠다. 온몸으로 겪었던 오키나와가 씻겨내려갈까봐.
그 흔적들이 사라져버릴까봐. 오키나와 이후의 나는 씻는 것도
조심스러웠고 허물을 벗어내는 일도 어려워했다. 어떤 날은 새벽에
잠에서 깨어 오키나와에 가 살고 싶다는 생각을 했다. 그런 생각을 하다가
조금 울었고, 쉽사리 잠들지 못하고 몇 번을 뒤척였다.

♥ 좋아요 67개

minchae 오래 기다린 적도 있었지만, 버스는 어김없이 왔다. 그러고는 언제나 나를 어디론가 데려다주었다. 또 결국엔 나를 원래 있던 그곳에 내려놓았다. 그 우직한 삶의 단면이 버스 여행에 있다. #버스 여행 #오키나와 버스 #기다림 #우직함 #뚜벅이와 버스 #꼭 온다 #버스 여행 최고

♥ 좋아요 51개

minchae 이렇게 오키나와를 떠나고 나면, 길에서 보았던 이 해바라기처럼 오키나와가 있는 그곳으로 얼굴을 돌리게 되겠지. #오키나와바라기 #해바라기 #떠남

결국 나는 다시 오키나와에 가게 될 것이다. 몇 번이고 머릿속으로
떠올렸던 그 따사로운 볕이 살갗에 와 닿도록. 그 태양 아래에서 오래도록
걸을 것이다. 따뜻한 남쪽 나라의 기운을 받아 실컷 웃고 즐거워할 것이다.
그러다 문득 다시 나를 발견하게 될지도 모른다. 그때 나와 만나면
이야기해주고 싶다. "좋아 보여."